Mengdi Song

Développement d'un modèle numérique d'interaction fluide-structure

AF004146

Mengdi Song

Développement d'un modèle numérique d'interaction fluide-structure

Application au cas d'une pompe à membrane ondulante

Presses Académiques Francophones

Impressum / Mentions légales
Bibliografische Information der Deutschen Nationalbibliothek: Die Deutsche Nationalbibliothek verzeichnet diese Publikation in der Deutschen Nationalbibliografie; detaillierte bibliografische Daten sind im Internet über http://dnb.d-nb.de abrufbar.
Alle in diesem Buch genannten Marken und Produktnamen unterliegen warenzeichen-, marken- oder patentrechtlichem Schutz bzw. sind Warenzeichen oder eingetragene Warenzeichen der jeweiligen Inhaber. Die Wiedergabe von Marken, Produktnamen, Gebrauchsnamen, Handelsnamen, Warenbezeichnungen u.s.w. in diesem Werk berechtigt auch ohne besondere Kennzeichnung nicht zu der Annahme, dass solche Namen im Sinne der Warenzeichen- und Markenschutzgesetzgebung als frei zu betrachten wären und daher von jedermann benutzt werden dürften.

Information bibliographique publiée par la Deutsche Nationalbibliothek: La Deutsche Nationalbibliothek inscrit cette publication à la Deutsche Nationalbibliografie; des données bibliographiques détaillées sont disponibles sur internet à l'adresse http://dnb.d-nb.de.
Toutes marques et noms de produits mentionnés dans ce livre demeurent sous la protection des marques, des marques déposées et des brevets, et sont des marques ou des marques déposées de leurs détenteurs respectifs. L'utilisation des marques, noms de produits, noms communs, noms commerciaux, descriptions de produits, etc, même sans qu'ils soient mentionnés de façon particulière dans ce livre ne signifie en aucune façon que ces noms peuvent être utilisés sans restriction à l'égard de la législation pour la protection des marques et des marques déposées et pourraient donc être utilisés par quiconque.

Coverbild / Photo de couverture: www.ingimage.com

Verlag / Editeur:
Presses Académiques Francophones
ist ein Imprint der / est une marque déposée de
OmniScriptum GmbH & Co. KG
Heinrich-Böcking-Str. 6-8, 66121 Saarbrücken, Deutschland / Allemagne
Email: info@presses-academiques.com

Herstellung: siehe letzte Seite /
Impression: voir la dernière page
ISBN: 978-3-8381-4895-3

Zugl. / Agréé par: Compiègne, Université de Technologie de Compiègne, 2013

Copyright / Droit d'auteur © 2014 OmniScriptum GmbH & Co. KG
Alle Rechte vorbehalten. / Tous droits réservés. Saarbrücken 2014

Remerciements

J'aimerais tout d'abord exprimer ma profonde gratitude à mes directeurs de recherche, Emmanuel Lefrançois et Mohamed Rachik, Maîtres de Conférences de l'Université de Technologie de Compiègne, pour la qualité de leur encadrement, leur disponibilité et la confiance qu'ils m'ont témoignée. Leurs conseils constructifs, leurs connaissances scientifiques m'ont permis de travailler dans les meilleures conditions pour réaliser ce travail de thèse.

J'adresse également mes remerciements à Erik Guillemin et Jean-Baptiste Drevet de la société AMS R&D pour m'avoir proposé ce sujet de thèse et m'avoir donné la chance de mettre en pratique mes connaissances.

Je tiens également à témoigner toute ma reconnaissance aux Professeurs Mhamed Souli de l'Université de Lille 1 et Philippe Sergent de CETMEF Compiègne pour l'honneur qu'ils m'ont fait en acceptant d'être rapporteurs de ce travail de recherche et membres du jury. J'associe à ces remerciements les autres membres du jury, Gérard Bois (Professeur des Universités, ENSAM Lille), Mohamed-Ali Hamdi (Professeur des Universités, UTC) et Grégory Germain (Responsable Equipe Hydrodynamique, IFREMER Centre de Boulogne) qui ont également accepté d'associer leurs expertises respectives à l'évaluation de cette thèse.

Je remercie en outre le Conseil Régional de Picardie pour son support financier dans le cadre du programme de bourses de doctorat en recherche.

Je termine par une profonde pensée à mes parents, ma famille et mes amis pour leur soutien sans faille durant ces trois ans. Enfin, je remercie de tout cœur Yang d'avoir été là.

Résumé

Dans cette thèse, nous avons étudié la simulation numérique des phénomènes d'interaction fluide-structure (IFS) par la méthode des éléments finis pour un fluide incompressible et non visqueux en interaction avec une structure flexible.

Les modèles numériques développés sont basé sur une approche d'IFS partitionnée. Une amélioration basée sur une compensation des effets de massé ajoutée est proposée au cours de la thèse afin d'assurer la convergence et la stabilité du schéma de couplage partitionné indépendamment de la densité du fluide impliqué. L'approche corrective nécessite une estimation de la matrice de masse ajoutée et demande une légère modification de l'algorithme itératif.

Les méthodes proposées ont été validées sur les cas académiques en comparaison avec les solutions analytiques et sont appliqués au cas d'une nouvelle conception de pompe pour tout type de fluides (gaz, liquides, fluide chargé...), en vue d'affiner la compréhension de son fonctionnement et ainsi mieux la caractériser. Les méthodes ainsi que les validations sont publiées sur un article qui a été accepté par le revue scientifique « *Computers & Fluids* ». Une présentation orale a effectuée pendant la conférence internationale *ACE-X2012* à Istanbul et une autre a été accepté par la conférence nationale *CSMA-2013* à Giens.

Mots clés — Interaction fluide-structure, approche partitionnée, effet de masse ajoutée, méthode des éléments finis, pompe à membrane ondulante

Abstract

The numerical simulation of fluid-structure interaction (FSI) by the finite element method has been studied in the context of an incompressible and inviscid flow interacting with a very flexible structure.

The numerical models developed in this work are based on a partitioned FSI approach. An improvement based on a compensation of the added-mass effect is proposed during the PhD research in order to ensure the convergence and the stability of the partitioned coupling scheme for all fluids regardless of its density. This simple correction requires to estimate the added-mass matrix and to modify slightly the iterative algorithm.

The proposed methods were validated by comparing with analytical solutions for several academic cases and are applied to a novel pumping technology, which is applicable to all kinds of fluid (gas, liquid, slurry...). The main objective is to provide a better understanding about its operations and to improve the designing of pump. The methods and the validation cases are published in an article which has been accepted by the scientific review *Computers & Fluids*. They were also presented during the international conference *ACE-X2012* in Istanbul and have been accepted and scheduled for oral presentation during the national conference *CSMA-2013* in Giens.

Keywords — Fluid-structure interaction, partitioned approach, added-mass effect, finite element method, undulating membrane pump

Table des matières

Introduction Générale 12

    Contexte et motivation 13

    Etat de l'art 17

    Plan de thèse 23

Chapitre 1   Modèle Mathématique 24

    1.0 Introduction 25

    1.1 Description du domaine d'IFS 25

    1.2 Modèle mathématique de la mécanique des fluides............................ 28

        1.2.1 Hypothèses 28

        1.2.2 Equation de Laplace du potentiel de vitesse 29

        1.2.3 Principe de Bernoulli en régime instationnaire 32

    1.3 Modèle mathématique de la structure 34

        1.3.1 Comportement dynamique de la structure élastique 34

Chapitre 2   Modèle Numérique 38

    2.0 Introduction 39

    2.1 Approche partitionnée d'interaction fluide-structure 40

    2.2 Modèle numérique du fluide 44

        2.2.1 Calcul du potentiel des vitesses 44

        2.2.2 Calcul du champ de vitesse d'écoulement 57

        2.2.3 Calcul du champ de pression instationnaire 59

  2.2.4 Calcul du débit à l'entrée et à la sortie 61

 2.3 Modèle numérique de la structure 62

  2.3.1 Calcul du déplacement de la structure 62

  2.3.2 Prise en compte de la sollicitation externe 66

 2.4 Modèle de déformation du maillage 70

  2.4.1 Différentes méthodologies de remaillage 70

  2.4.2 Analogie de type pseudo-matériaux 71

  2.4.3 Exemples d'applications 77

Chapitre 3 Extension de l'approche de couplage partitionnée aux fluides lourds 80

 3.0 Introduction 81

 3.1 Exemple académique du piston 81

  3.1.1 Problématique 81

  3.1.2 Analyse de la convergence du schéma standard 84

  3.1.3 Analyse de la stabilité 87

 3.2 Correction du schéma itératif 93

  3.2.1 Principe 93

  3.2.2 Validation sur le cas du piston 95

Chapitre 4 Résultats Numériques 98

 4.0 Introduction 98

 4.1 Cas test académique du piston rigide 99

  4.1.1 Couplage en régime forcé 100

  4.1.2 Couplage en régime libre 101

4.2 Oscillation d'un cylindre dans un fluide 103

4.3 Oscillation d'une membrane flexible 108

    4.3.1 Analyse modale 109

    4.3.2 Couplage avec un déplacement initial imposé 111

    4.3.3 Couplage avec une sollicitation externe 117

4.4 Analyse des couplages en régime forcé 120

    4.4.1 Piston concentrique en régime forcé 120

    4.4.2 Pompe axisymétrique en régime forcé 123

Conclusion Générale 127

    Synthèse 128

    Contributions 128

    Perspectives 131

Références 134

Table des figures

Figure 1　Pompe à membrane AMS® et principe de fonctionnement 13

Figure 2　Schématisation du modèle numérique de la pompe AMS® 15

Figure 3　Schématisation du couplage fluide-structure 17

Figure 4　Principales approches de la simulation d'IFS 18

Figure 1.1　Domaine du couplage fluide-structure et notations générales 26

Figure 1.2　Domaine de la structure 35

Figure 1.3　Schématisation du modèle mathématique 37

Figure 2.1　Algorithme de couplage fluide-structure 40

Figure 2.2　Schéma partitionné non itératif – Couplage faible 41

Figure 2.3　Schéma partitionné itératif – Couplage fort 42

Figure 2.4　Algorithme partitionné avec processus itératif 42

Figure 2.5　Elément triangulaire à 3 nœuds 45

Figure 2.6　Elément linéaire à 2 nœuds 49

Figure 2.7　Maillage de barre à 4 nœuds 52

Figure 2.8　Calcul de la vitesse nodale 58

Figure 2.9　Elément Q4 axisymétrique 62

Figure 2.10　Pilotage en déplacement 67

Figure 2.11　Réaction au nœud de pilotage 68

Figure 2.12　Pilotage en force sans raideur 69

Figure 2.13　Pilotage en force avec raideur 69

Figure 2.14　Conditions imposées au domaine de fluide 77

Figure 2.15 Déformation du maillage de fluide au cours du temps 78

Figure 2.16.a Maillage pour le cas d'un piston rigide dans un tube de fluide 79

Figure 2.16.b Maillage pour le cas d'un cylindre rigide dans le domaine du fluide . 79

Figure 2.16.c Maillage de la pompe à membrane 79

Figure 3.1 Piston mobile attaché à un ressort dans un cylindre rempli de fluide 82

Figure 3.2 Déplacement du piston attaché à un ressort avec le schéma standard 83

Figure 3.3 Dépendances de stabilité et de convergence 92

Figure 3.4 Déplacement et pressions pariétales du piston attaché à un ressort

avec le schéma corrigé 96

Figure 4.1 Piston mobile dans une chambre à section carrée 100

Figure 4.2 Résultats numériques au cas du piston 2D 101

Figure 4.3 Comparaison des pressions pariétales numériques et analytiques 101

Figure 4.4 Déplacement et pressions pariétales du piston

attaché à un ressort (2D) 103

Figure 4.5 Cylindre rigide dans une chambre de fluide fermée 104

Figure 4.6 Champs de pression associés aux modes propres

du système cylindre-ressorts 105

Figure 4.7 Champ de vitesse et champ de pression au cas du cylindre 106

Figure 4.8 Déplacements horizontal et vertical du cylindre 107

Figure 4.9 Nombres d'itération nécessaire pour la convergence 107

Figure 4.10 Membrane flexible dans une chambre de fluide axisymétrique 108

Figure 4.11 Champs de pressions associées aux modes de déformation

de la membrane 110

Figure 4.12 Evolution du champ de pression générée par le mouvement de la membrane 112

Figure 4.13 Evolution des états de la membrane (N = 30) 112

Figure 4.14 Historique de la convergence du schéma itératif (10 modes) 113

Figure 4.15 Schématisation de la matrice de masse ajoutée 114

Figure 4.16 Evolution des états de la membrane (N = 100) 115

Figure 4.17 Facteurs de participation modaux 116

Figure 4.18 Historique de la convergence du schéma itératif (2 modes) 117

Figure 4.19 Champs de pression pour instants donnés (f_1 = 10 Hz) 118

Figure 4.20 Evolution du déplacement de la membrane (f_1 = 10 Hz) 118

Figure 4.21 Champs de pression pour instants donnés (f_2 = 100 Hz) 119

Figure 4.22 Evolution du déplacement de la membrane (f_2 = 100 Hz) 119

Figure 4.23 Piston concentrique dans une chambre de fluide axisymétrique 120

Figure 4.24 Comparaison de la distribution de vitesse et de pression 121

Figure 4.25 Modèle axisymétrique de la pompe AMS® 123

Figure 4.26 Champs de pression associés aux différentes ondes imposées 124

Figure 4.27 Variations du débit et de la charge en temps 125

Figure 4.28 Courbes du débit et de la charge en fonction de la fréquence 125

Figure 4.29 Courbes du débit et de la charge en fonction de la célérité 126

Figure 5.1 Modèle numérique IFS de la pompe AMS® 128

Figure 5.2 Modèle IFS 2D-axisymétrique au cas de la pompe AMS® 132

Liste des tableaux

Tableau 3.1 Dimensions et propriétés physiques au cas du piston 1D 82

Tableau 3.2 Coefficients de participation 89

Tableau 4.1 Dimensions et propriétés physiques au cas du piston 2D 100

Tableau 4.2 Fréquences et périodes du système piston-ressort 102

Tableau 4.3 Dimensions et propriétés physiques au cas du cylindre 104

Tableau 4.4 Fréquences naturelles et couplées du système cylindre-ressorts 105

Tableau 4.5 Propriétés physiques de la membrane et du fluide 109

Tableau 4.6 Fréquences naturelles et couplées pour la membrane flexible 111

Tableau 4.7 Dimensions et propriétés physiques au cas du piston concentrique 120

Tableau 4.8 Dimensions et propriétés pour le modèle de la pompe AMS® 123

Introduction Générale

L'objet de ce rapport est de présenter des travaux de recherches réalisés dans le cadre d'une thèse financée par la Région Picardie et en collaboration avec la société AMS R&D. Le déroulement de cette thèse a été mené au sein du Laboratoire Roberval associé à l'Université de Technologie de Compiègne. Elle a consisté à développer un modèle numérique de couplage fluide-structure pour affiner la compréhension du fonctionnement d'une nouvelle conception de pompe applicable à tout type de fluide (gaz et liquide) en vue de mieux la caractériser.

Contexte et motivation

«Active Membrane Systems» AMS® [1, 2] est une nouvelle technologie de propulsion de fluide conçue autour d'une membrane ondulante, inventée et déposée par la société AMS R&D. Le champ des applications est ouvert via des variantes de pompes, liées à différentes géométries de membrane.

Le concept de pompe AMS® met en œuvre les capacités de transfert d'énergie par le couplage d'une membrane ondulante axisymétrique avec un fluide dans les conditions bien particulières. Elle est illustrée sur la figure 1.

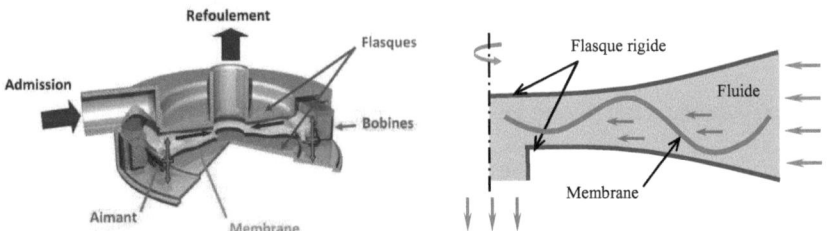

Figure 1 Pompe à membrane AMS® et principe de fonctionnement

L'idée principale est de générer une onde progressive à partir du contour externe de la membrane à l'aide d'un actionneur électromagnétique (membrane mise en vibration sur son pourtour périphérique). En se propageant vers l'intérieur et radialement à la membrane, cette onde concentrique transmet alors son énergie au fluide, entrainant ainsi le fluide de la périphérie vers l'intérieur.

Il s'agit d'une innovation de rupture sur le principe de propulsion du fluide et non d'une amélioration des systèmes de propulsion existants. Cette innovation est applicable à tout type de fluides (liquides, mousses, gaz, fluides chargés...) dans des domaines divers (médical, nucléaire, jardin...).

Les principaux avantages de la technologie AMS® peuvent se résumer comme suit :
- Dimension peu encombrante : le prototype a été réalisé avec un diamètre de 10 *cm* pour un débit nominal de 30 *L/min*.
- Rendement hydraulique/mécanique élevé : 80 %.
- Faible consommation d'énergie : puissance nominale de 30 *W* pour le prototype.
- Faible vitesse de fluide dans le corps de pompe, peu de forces de cisaillement.
- La trajectoire du fluide est simplement radiale, sans zone stagnante, sans débit de recirculation.
- Applicable à tous les types de fluides (liquides, gaz, fluides chargés, mousses...).
- Capacité de passage d'objets étrangers (particules, abrasifs...).
- Amorçage rapide, effet d'inertie limité.
- Facilité de fabrication : la pompe peut être réalisée en 10 pièces avec un actionneur électromagnétique.
- Pas de pièce mécanique critique à risque (type valves, paliers, axes...).

D'apparence simple, cette technologie met en œuvre des phénomènes physiques complexes, qui nécessitent de gérer plus de 35 paramètres (dimensionnelles, géométriques, mécaniques, hydrauliques et matériaux). Le premier prototype de pompe à basse pression a été développé par la société AMS R&D pour démontrer la faisabilité de la technologie. Les différents essais et études réalisés autour du prototype ont permis de mettre en évidence les avantages de la technologie AMS® par rapport aux pompes actuelles, et notamment les pompes centrifuges.

Aujourd'hui, l'état technologique et les prototypes ne permettent cependant pas encore de mettre une pompe sur le marché. Parallèlement aux développements technologiques, AMS-R&D souhaite se doter d'une chaine de traitement numérique d'interaction fluide-structure, qui permettra de fournir un support théorique pour cette technologie de rupture en vue de mieux dimensionner et d'optimiser les pompes.

L'objectif de cette thèse est ainsi de proposer une méthodologie générale pour simuler correctement ce problème d'IFS, à savoir l'étude du comportement dynamique d'une membrane élastique flexible couplée aussi bien avec un fluide léger (gaz) qu'un fluide lourd (liquide). La modélisation numérique envisagée est modulaire et développée en langage Matlab comme schématisée sur la figure 2 :

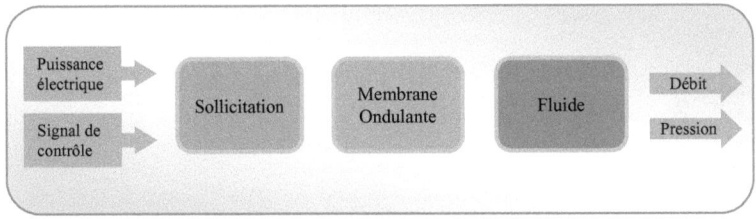

Figure 2 Schématisation du modèle numérique de la pompe AMS®

Le modèle développé est validé par des comparaisons avec les solutions analytiques dans un cas particulier et est appliqué sur la pompe AMS® par la suite. C'est une phase de développement d'outils sous Matlab qui a été privilégiée et non le recours à des logiciels du commerce. Cela nous permet de mieux comprendre le phénomène de couplage fluide-structure et de bien analyser le fonctionnement de la pompe à membrane. Les travaux de recherche fournissent un prototypage virtuel simple, rapide et bien adapté à l'application qui aidera le partenaire à améliorer la conception de pompe issue de la technologie AMS®.

Le modèle numérique proposé est basé sur l'approche classique d'IFS partitionnée. Il a ensuite été étendu aux cas de fluides lourds par une approche basée sur la compensation des effets de masse ajoutée. Cette approche, proposée au cours de la thèse, nécessite simplement un processus d'itératif intégré dans la boucle d'incrément du temps et modifie légèrement le schéma classique de l'approche partitionné. Elle permet d'assurer la convergence de la boucle itérative et la stabilité en temps du schéma indépendamment de la densité du fluide impliqué. Les critères de la convergence et de la stabilité respectivement pour le schéma original et le schéma modifié sont bien justifiés par les calculs.

Etat de l'art

Pour développer le modèle numérique et optimiser la conception de la pompe, une meilleure compréhension des problèmes multi-physiques impliqués, et plus particulièrement sur l'interaction fluide-structure est nécessaire.

L'interaction mutuelle entre le fluide et la structure a bénéficié d'un fort attrait dans de nombreux domaines au cours de ces dernières années. Différentes simulations IFS ont été développées en aéroélasticité [3], en biomécanique [4] et pour l'ingénierie nucléaire [5]. Ce développement est dû en particulier aux succès de la simulation numérique en général. Aujourd'hui, les méthodes numériques deviennent très puissantes et capables de résoudre les problèmes industriels à un coût raisonnable.

Un problème de couplage fluide-structure met en jeu deux milieux continus l'un solide, l'autre fluide. Il s'agit d'étudier le comportement d'un solide (rigide ou déformable) immergé dans un fluide dont la réponse dynamique peut être fortement affectée par la pression exercée par le fluide. Ces phénomènes sont dits couplés, car l'évolution de chacun des deux milieux dépend de celle de l'autre. Le cycle de couplage peut être schématisé sur la figure 3 [6] :

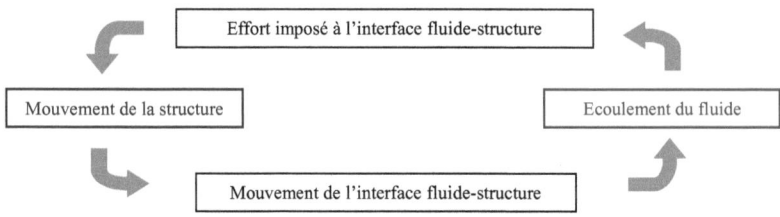

Figure 3 Schématisation du couplage fluide-structure

Ce cycle est précisé de la manière suivante :

1. l'écoulement du fluide engendre des forces de pression sur les frontières de la structure, générant ainsi ou modifiant le déplacement de la structure ;

2. le mouvement de la structure, sous l'effet de la pression du fluide, change la configuration de l'interface fluide-structure et influence simultanément les conditions de l'écoulement ;

3. il entraîne ensuite une variation du champ de pression du fluide et une modification des efforts exercés sur la structure au niveau de l'interface.

En résumé, l'écoulement du fluide et le mouvement de la structure ne sont pas indépendants l'un de l'autre, le couplage mécanique entre les deux milieux s'opère dans les deux sens au niveau de l'interaction. On distingue généralement deux approches pour la simulation des phénomènes d'interaction fluide-structure. Elles sont schématisées sur la figure 4 :

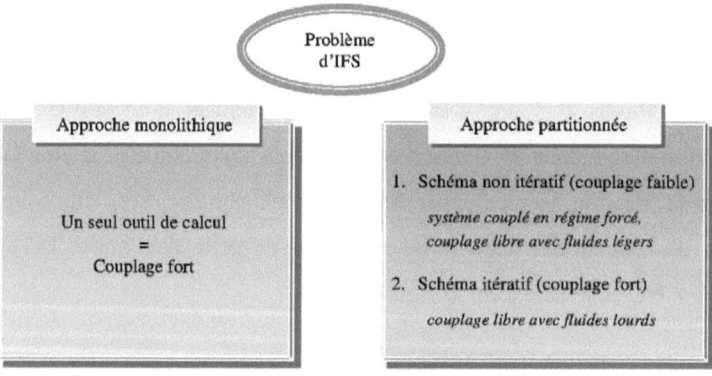

Figure 4 Principales approches de la simulation d'IFS

L'approche monolithique [7, 8, 9] dite de couplage *fort*, consiste à réunir les deux physiques en un seul modèle mathématique. Les équations du fluide et de la structure sont résolues simultanément avec un seul code de calcul. Dans ce cas, l'influence mutuelle entre le fluide et la structure peut être directement prise en compte, ce qui est favorable pour la stabilité du calcul. Toutefois, le solveur entièrement couplé n'est ni facile à implémenter, à mettre en œuvre et à faire évoluer. Lorsque les géométries ou les propriétés physiques du problème à traiter deviennent complexes, ce type de méthode n'est plus envisageable puisque chaque milieu (fluide ou solide) nécessite des procédures de calcul numérique spécifiques que l'approche monolithique ne permet pas d'exploiter. A titre d'exemples, les deux physiques sont généralement associées à des formalismes différents (lagrangien pour la structure, eulérien pour le fluide), à des schémas temporels distincts (resp. ordre 2 et 1), des variables différentes (resp. déplacements et vitesses), des schémas de discrétisation différents etc..

L'approche partitionnée [10, 11, 12], consiste quant à elle à utiliser deux codes distincts associés respectivement à la structure et au fluide. Ces deux codes sont couplés via un schéma de couplage en temps pour permettre une mise à jour régulière des grandeurs qui leur sont communes. L'approche partitionnée est aisément modulable, ce qui facilite fortement la mise en œuvre des différents codes et permet des calculs parallèles. Néanmoins, les codes ne fonctionnent pas simultanément mais successivement, ce qui introduit une erreur numérique supplémentaire pour la simulation, erreur qu'il est nécessaire de contrôler au fur et à mesure de l'avancement du calcul.

Un schéma de couplage partitionné est dit "*faible*" si une seule résolution par solveur est demandée par pas de temps. Il est dit "*fort*" si au contraire un processus itératif est mis en place avec le respect d'un critère de convergence à chaque pas de temps pour améliorer la qualité du couplage [13]. Ce couplage permet alors de converger vers la même solution qu'une approche monolithique.

Le couplage partitionné faible [10] est particulièrement efficace pour les problèmes d'IFS avec des fluides légers (gaz) dont la densité est nettement inférieure à celle de la structure, comme des applications aéroélastiques [14]. En revanche, la convergence ne peut plus être garantie pour les cas de couplage impliquant des fluides lourds (liquides) et une divergence est observée quel que soit le choix du pas de temps pour les écoulements incompressibles. Ce point est justifiée dans les références [15, 16].

Néanmoins pour des cas de fluides compressibles, la diminution du pas de temps peut avoir un effet bénéfique sur la convergence [15].

Plusieurs méthodes ont été proposées afin de pallier à cette difficulté, tel que l'algorithme de couplage semi-implicite basé sur le schéma de projection de Chorin-Temam [17], la sous-relaxation adaptive avec la méthode d'Aitken [18] et l'algorithme de quasi-Newton avec une approximation de l'inverse de la jacobienne (IQN-ILS) [19]. Ces méthodes donnent des résultats satisfaisants sous certaines conditions, mais les performances ne sont pas systématiquement assurées et peuvent rester faibles dans les cas de la structure flexible couplée avec un fluide lourd tels que le sang ou l'eau.

En effet, la simulation numérique de la pompe à membrane ondulante avec du liquide est un cas difficile pour l'approche d'IFS partitionnée, en raison de la flexibilité de la membrane en caoutchouc et les densités comparables du fluide et de la structure. Une technique intéressante est proposée dans [20] pour une nouvelle procédure partitionnée en utilisant les conditions de transmission de type Robin. Par contre, elle nécessite un bon ajustement des paramètres pour s'adapter au cas considéré, ce qui n'est pas envisageable dans le cadre de cette thèse. Dans [21] une méthode d'interface-GMRES est exposée, qui consiste à réutiliser les informations des problèmes similaires résolus précédemment avec l'utilisation de l'espace de Krylov. Un cadre théorique est nécessaire pour cette méthode, ce qui confine l'approche d'IFS loin de la simplicité recherchée dans le cadre de cette thèse. L'intérêt du travail de cette thèse est d'assurer la convergence du schéma aux cas de fluides lourds par une approche classique, ne requérant pas de modifications profondes tout en conservant le principe de l'algorithme partitionné itératif.

Il a été prouvé dans [22] que le critère de convergence est lié au rapport de masse volumique entre le fluide et la structure. Selon notre expérience, la difficulté de convergence est liée à l'effet de masse ajoutée. Quand la structure accélère ou décélère en poussant le fluide, l'intégration de la pression est considérée comme un terme d'inertie ajoutée à la structure, communément appelé effet de "masse ajoutée".

L'effet de masse ajoute a été mis en évidence par F. Bessel en 1828 [23]. Il montra que la période d'oscillation d'un pendule dans de l'air (après correction des effets d'Archimède) est supérieure à celle mesurée dans le vide. Les deux essais ayant été réalisés à rigidité constante (gravité), il en a été déduit l'effet d'accroissement de masse à considérer pour le pendule. La masse ajoutée est ainsi proportionnelle à la masse du fluide environnant "poussé" lors du déplacement de la structure et s'y opposant de façon analogue à une structure qui serait alourdie.

Puisque la densité du fluide est comparable voire même supérieure à celle de la structure, la masse ajoutée peut devenir importante et affecter significativement la résolution du comportement de la structure flexible. Sur le plan numérique et dans le cadre d'une approche partitionnée, cela conduit à une divergence des solutions itératives pour le code structure. Ce n'est donc pas un problème de stabilité en temps mais bien de convergence dont il est question.

La méthode présentée dans cette thèse consiste à estimer tout d'abord l'effet de masse ajoutée par le calcul d'une matrice de masse ajoutée et d'améliorer ensuite l'algorithme itératif partitionné en introduisant artificiellement ce terme de masse supplémentaire des deux côtés de l'équation d'IFS, afin de favoriser le critère de convergence. Cette idée n'est pas nouvelle et les premières tentatives peuvent déjà être trouvées dans [24, 25] en tant « qu'astuce de dépannage » basée sur une technique de masse modifiée pour l'amélioration de la convergence (correction de la masse volumique). Une méthode similaire est développée dans la référence [26] qui propose de modifier le rapport de masse de la structure au fluide. Une analyse plus approfondie de l'approche de masse modifiée et une comparaison avec d'autres méthodes itératives sont fournies dans [16]. Toutefois, les corrections ne concernent uniquement qu'un terme additionnel de type scalaire et le comportement multimodal de la structure flexible n'est pas pris en compte (sauf pour le premier mode). La méthode proposée au cours de cette thèse peut être considérée comme une extension de la technique de Connell [26] ou de la technique de masse modifiée [24, 25] associée à une estimation de la matrice de masse ajoutée sur la base modale de la structure et dans un contexte d'écoulement potentiel instationnaire [27]. Elle nous permet de proposer une méthodologie générale sans avoir à se limiter à des cas particuliers. Cependant, nous avons délibérément choisi de limiter notre étude aux cas de fluides incompressibles et non visqueux, hypothèses toutefois parfaitement réalistes dans le contexte de la pompe à membrane ondulante.

Il était prévu à l'origine de développer une approche basée sur la résolution des équations de Navier-Stokes [28, 29] sur un maillage mobile avec un formalisme ALE (Arbitrary Lagrangian Eulerian). Un milieu continu peut être décrit en formulation eulérienne ou lagrangienne. Ces concepts sont fondamentaux car les fluides et les solides élastiques sont des milieux continus décrits à l'aide de ces deux descriptions. Nous suivons en partie la présentation faite dans [30]. Un autre livre de référence [31] peut également être consulté. La principale difficulté rencontrée sur l'analyse mathématique de modèles de couplage fluide-structure est la formulation différente de chaque constituant du couplage. Un résultat d'existence récent a été obtenu par Coutand et Shkoller [32, 33] en formulant le problème de manière complètement lagrangienne. Le modèle proposé par Cottet et Maitre [34, 35] ouvre de nouvelles perspectives en formulant le problème fluide-structure de manière complètement eulérienne permettant de décrire le couplage fluide-structure comme un fluide complexe. La méthode ALE a été introduite par Donea en 1982 [36], qui offre un compromis intéressant entre les formulations lagrangienne et eulérienne. D'autres références sur cette méthode peuvent être trouvées dans [17, 37].

C'est cependant la volonté de s'intéresser à l'extension du schéma de couplage aux fluides lourds qui nous a amené à volontairement simplifier le modèle fluide pour ne pas être freiné par des temps de calcul pénalisants et pouvoir ainsi explorer plus rapidement l'espace des solutions envisageables.

Plan de thèse

Ce mémoire comporte 4 chapitres qui complètent cette introduction générale. Pour commencer, le chapitre 1 décrit les modèles mathématiques gouvernant l'écoulement du fluide et le comportement dynamique de la structure. Le chapitre 2 présente l'ensemble des modèles numériques pour l'approche partitionnée d'IFS : les schémas de couplage (faible et fort) ainsi que les codes de calcul par éléments finis respectivement pour le fluide et la structure y sont détaillés. Le chapitre 3 est consacré à l'analyse de la convergence du processus itératif et à celle de la stabilité en temps pour l'algorithme partitionné appliqué au cas académique d'un piston dans un cylindre 1D. Il décrit précisément par la suite la correction de l'algorithme basée sur la compensation de l'effet de masse ajoutée. Les validations académiques appliquées au cas d'un piston rigide mobile dans une chambre remplie d'un fluide lourd (2D) et au cas d'un cylindre rigide couplé avec le même fluide (2D) sont présentées dans le chapitre 4. Ce chapitre montre également en détail les simulations effectuées au cas d'une membrane flexible couplé avec un fluide pour se rapprocher de l'application de la pompe AMS® (couplage en régime forcé, couplage libre dans l'air, couplage libre dans l'eau). Ce rapport se termine naturellement en exposant les conclusions et les voies restant à explorer pour de futurs travaux.

Chapitre 1
Modèle Mathématique

1.0 Introduction

Ce chapitre est consacré à la formulation des modèles mathématiques utilisés pour modéliser le problème d'IFS. Les lois de conservation et les lois de comportement du système physique sont formulées sous la forme d'équations aux dérivées partielles, dite écritures fortes. Dans le cadre de la résolution par la méthode des éléments finis, la transformation en formulation intégrale, dite écritures faibles est nécessaire. Elle permet de faciliter la discrétisation des équations aux dérivées partielles, le développement du modèle numérique par la suite ainsi que l'introduction naturelle des conditions aux limites.

Avant de décrire le modèle retenu, nous commençons par décrire la problématique générale du couplage fluide-structure et développons respectivement les modèles mathématiques du fluide et de la structure.

1.1 Description du domaine d'IFS

Pour toute structure en mouvement placé au sein d'un fluide, les phénomènes liés au couplage fluide-structure apparaissent en raison du contact entre la structure et le fluide. On considère que les phases solide et fluide sont distinctes et que les deux milieux échangent des énergies et quantités de mouvement au niveau de leur interface contact.

L'enjeu du modèle mathématique est de reproduire le mécanisme d'échange d'énergie et de quantités de mouvement entre le fluide et la structure en établissant un système d'équations aux dérivées partielles, de la façon la plus rigoureuse possible au regard des phénomènes physiques mis en jeu.

Pour décrire le modèle mathématique, le domaine de couplage fluide-structure est schématisé sur la figure 1.1 en utilisant les notations dans le cadre général de la mécanique des milieux continus.

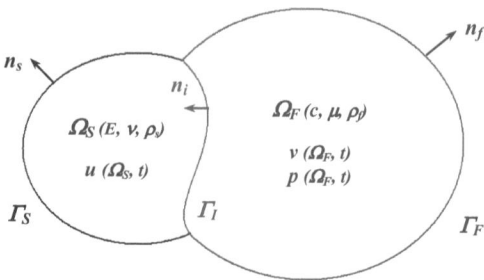

Figure 1.1 Domaine du couplage fluide-structure et notations générales

Ω_S désigne le domaine occupé par la structure dont la frontière est notée Γ_S. On note n_s la normale sortante de Γ_S. Dans une configuration donnée, la structure est caractérisée par son état de contrainte, son état de déformation… Dans le cadre de cette étude, on utilise une formulation en déplacement. Aussi la quantité utilisée pour le couplage est le déplacement $u(\Omega_S, t)$. De plus le comportement du matériau constitutif est supposé élastique linéaire et est défini par son module de Young E et son coefficient de Poisson ν. On notera ρ_s sa masse volumique.

Ω_F désigne le domaine occupé par le fluide dont la frontière est notée Γ_F. On note n_f la normale sortante de Γ_F. Les caractéristiques physiques du fluide sont notées :

    c : la célérité des ondes sonores dans le fluide

    μ : la viscosité dynamique

    ρ_f : la masse volumique du fluide

Les inconnues du problème seront le champ de vitesse d'écoulement $v(\Omega_F, t)$ ainsi que le champ de pression $p(\Omega_F, t)$.

Γ_I désigne l'interface entre la structure et le fluide qui est la partie commune des frontières Γ_S et Γ_F. Par convention, on définit la normale à l'interface n_i par la normale entrante du domaine structure. Les frontières Γ_S et Γ_F sont possible de se décomposer en sous ensembles pour traiter les différentes conditions aux limites.

Dans un contexte aux éléments finis, le phénomène du couplage fluide-structure se traduit par un système d'équations algébriques qui s'écrit sous la forme :

$$[M]\{\ddot{u}\}+[K]\{u\} = \{F_p\} \qquad (1.1)$$

A gauche du signe égalité, le déplacement de la structure est régi par le principe fondamental de la dynamique ; du côté droit de l'équation, on applique les charges de pression exercées par le fluide ; la garantie du signe d'égalité est quant à elle obtenue par une remise à jour régulière des données communes entre la structure et le fluide, grâce à un schéma de couplage.

1.2 Modèle mathématique de la mécanique des fluides

Le module de fluide nous permet d'estimer successivement le champ de vitesse et le champ de pression résultant du déplacement de la structure. Le fluide est ici supposé incompressible et non visqueux, hypothèses parfaitement valables pour l'application de la pompe à membrane ondulante basée sur un effet de piston concentrique. Ceci nous permet de déterminer le champ de vitesse d'écoulement (v) d'après l'équation de Laplace du potentiel des vitesses (ϕ), le champ de pression (p) étant déterminé d'après la forme instationnaire de l'équation de Bernoulli. Il n'est donc pas nécessaire de résoudre les équations de Navier-Stokes.

1.2.1 Hypothèses

Dans le cadre de cette thèse, on fait les hypothèses d'un fluide incompressible et non visqueux. On se limite donc à des écoulements qui ne sont pas contrôlés par les effets de la viscosité. On parle alors d'un fluide parfait. Aucun fluide n'est parfait en pratique mais l'hypothèse est réaliste dans la mesure où la structure "pousse" le fluide suivant la direction normale comme un piston et où la force tangentielle travaille très peu.

- **Fluide incompressible**

Un fluide est dit incompressible lorsque sa masse volumique est constante. Dans ce cas, l'équation de conservation de masse prend alors une forme particulièrement simple. Dans le cas général, la conservation de la masse s'exprime sous la forme :

$$\frac{\partial \rho}{\partial t} + div(\rho \vec{v}) = 0 \qquad (1.2)$$

Si la masse volumique ρ reste constante, un écoulement incompressible se traduit par :

$$div\,\vec{v} = 0 \qquad (1.3)$$

avec *div* l'opérateur divergence.

- **Fluide non visqueux**

L'écoulement généré par un fluide parfait sans viscosité est dit irrotationnel, car c'est grâce à la viscosité que les tourbillons apparaissent. On écrit alors :

$$\overrightarrow{rot}\,\vec{v} = \vec{0} \qquad (1.4)$$

avec $\overrightarrow{rot}$ l'opérateur rotationnel.

1.2.2 Equation de Laplace du potentiel de vitesse

1.2.2.1 Potentiel des vitesses

Le concept de potentiel des vitesses a été introduit par Joseph-Louis LAGRANGE en 1781 [38]. Il a démontré qu'il existe un scalaire ϕ nommé potentiel des vitesses, qui pour un fluide parfait satisfait :

$$\vec{v} = \nabla \vec{\phi} \qquad (1.5)$$

De plus, le fluide étant considéré comme incompressible, le caractère irrotationnel couplé à la condition d'incompressibilité conduit à :

$$div\,\vec{v} = div(\nabla \vec{\phi}) = \Delta \phi = 0 \qquad (1.6)$$

Le potentiel des vitesses obéit à l'équation de Laplace et la résolution de l'équation de mouvement se ramène à la recherche de fonctions harmoniques ϕ satisfaisant les conditions aux limites.

1.2.2.2 Conditions aux limites

Il existe deux types de conditions aux limites appliquées sur la frontière du domaine de fluide.

- **Condition de Dirichlet :**

La condition aux limites de Dirichlet consiste à directement imposer les valeurs de ϕ sur une partie de la frontière du domaine.

$$\phi = \phi_0 \quad sur \quad \Gamma_{Dir} \tag{1.7a}$$

S'il n'y a pas de flux externe entrant dans le domaine, on imposera un potentiel de vitesse nul sur l'entrée du domaine.

- **Condition de Neumann :**

La condition aux limites de Neumann impose les valeurs des dérivées que la solution doit vérifier sur une partie de la frontière du domaine.

Dans notre équation de Laplace du potentiel de vitesse (1.6), les conditions Neumann introduiront les vitesses des parois et celle de la structure dynamique dans le domaine de fluide.

$$\frac{\partial \phi}{\partial s} = \vec{v} \cdot \vec{n} = cste \quad sur \quad \Gamma_{Neu} \tag{1.7b}$$

Avec $\vec{v}$ la vitesse d'écoulement au niveau des parois ou de la structure et $\vec{n}$ le vecteur normale dirigé vers l'extérieur du domaine de fluide.

Au niveau d'une paroi solide, fixe et imperméable, le composant normal de la vitesse d'écoulement est nul.

$$\vec{v} \cdot \vec{n}_f \big|_{parois} = 0 \tag{1.8a}$$

Au niveau de l'interface fluide-structure, la vitesse normale d'écoulement est égale à la vitesse normale de la structure :

$$\vec{v} \cdot \vec{n}_f \big|_{interface} = \vec{v} \cdot \vec{n}_i = \vec{u} \cdot \vec{n}_i \tag{1.8b}$$

L'équation de Laplace (1.6) et ses conditions aux limites associées (1.7) constituent un système des équations mathématique du potentiel de vitesse.

1.2.2.3 Formulation intégrale

Dans le cadre d'une résolution par éléments finis, on transforme cette équation aux dérivées partielles en formulation intégrale et on s'intéresse à rechercher des fonctions (ϕ) qui minimisent cette forme intégrale obtenue par la méthode des résidus pondérés. En utilisant une fonction de pondération (ψ) quelconque, la forme intégrale de l'équation de Laplace du potentiel de vitesse (1.6) sur le domaine Ω_F s'écrit :

$$W = \int_{\Omega_F} \psi \cdot \Delta\phi \cdot d\Omega_F = 0 \quad \forall \psi \qquad (1.9)$$

où ϕ est dérivable deux fois et doit satisfaire toutes les conditions aux limites sur les frontières, ψ est une fonction quelconque appelée fonction de pondération ou encore fonction test. Une intégration par parties permet de transformer l'expression (1.9) de manière à faciliter la discrétisation par la méthode des éléments finis et à faire apparaitre un terme de contour utile pour les conditions aux limites.

$$W = \int_{\Omega_F} \overrightarrow{\nabla}\psi \cdot \overrightarrow{\nabla}\phi \cdot d\Omega_F - \oint_{\Gamma_F} \psi \cdot \overrightarrow{\nabla}\phi \cdot \vec{n} \cdot d\Gamma_F = 0 \qquad (1.10)$$

Pour le système différentiel et sa forme intégrale, l'ordre maximum des dérivées de ϕ diminue après l'intégration par parties, ϕ ne doit être dérivable qu'une seule fois et satisfait seulement les conditions aux limites contenant des dérivées à l'ordre 1.

Cette forme est équivalente au système initial d'équations aux dérivées partielles et il est facile d'appliquer les conditions aux limites sur l'intégrale de contour. Le modèle mathématique écrit sous la forme intégrale est très pratique pour représenter les lois de conservation et de comportement du système physique avec ses conditions aux limites associées. La méthode des éléments finis, décrite au chapitre 2, discrétisera cette forme faible pour conduire à un système d'équations algébriques qui fournit une solution approchée du potentiel de vitesse (ϕ). Le champ de vitesse d'écoulement (v) est ensuite calculé comme le gradient du potentiel de vitesse.

1.2.3 Principe de Bernoulli en régime instationnaire

L'approche du potentiel de vitesse décrite précédemment est très efficace pour obtenir le champ de vitesse. Cependant, elle ne permet pas de connaitre le champ de pression. Il est donc nécessaire d'ajouter une *loi de comportement* pour reconnecter le fluide et la structure en ayant recours à la forme instationnaire du principe de Bernoulli [39].

Dans le cas d'un écoulement instationnaire et irrotationnel, le théorème de Bernoulli peut s'écrire en régime instationnaire sous la forme :

$$\frac{\partial \phi}{\partial t} + \frac{p}{\rho_f} + \frac{v^2}{2} + gz = C(t) \qquad (1.11)$$

Avec
ϕ : le potentiel de vitesse

p : la pression statique

v : la vitesse de l'écoulement

g : l'accélération de la gravité

z : la cote verticale par rapport à une origine

$\partial \phi / \partial t$ désigne ici la dérivée partielle du potentiel de vitesse par rapport au temps. La charge $C(t)$ ne dépend pas de la position mais uniquement du temps. A chaque instant donné, $C(t)$ est constante dans tout le domaine de fluide.

Cette forme du principe de Bernoulli nous permet de calculer la pression relative à une position (x) quelconque par rapport à une position de référence (0) où la pression est connue.

$$p_{(x)} + \rho_f \left(\frac{\partial \phi_{(x)}}{\partial t} + \frac{v_{(x)}^2}{2} + gz_{(x)} \right) = p_0 + \rho_f \left(\frac{\partial \phi_0}{\partial t} + \frac{v_0^2}{2} + gz_0 \right) \qquad (1.12)$$

Le champ du potentiel de vitesse ϕ étant connu ainsi que sa variation en temps consécutive à deux positions de structure différentes, tout comme le champ de vitesse, la pression s'en déduit facilement. Il est cependant nécessaire d'être prudent lors du le calcul de la dérivée en temps et de s'assurer qu'au final on dispose bien d'une dérivée partielle et non matérielle au sens de différentielle totale. La mise en œuvre numérique de la forme instationnaire du théorème de Bernoulli est détaillée au chapitre 2.

1.3 Modèle mathématique de la structure

Le rôle du module de structure est de simuler le comportement dynamique de la structure élastique, qui permet de résoudre le champ de déplacement généré par une sollicitation externe et de transmettre son énergie vers le fluide. Ce modèle mathématique est basé sur la loi de comportement élastique linéaire. Dans le contexte de la pompe à membrane ondulante, un modèle de la structure d'un matériau hyperélastique isotrope en grand déplacement et en grande déformation est aussi développé avec le logiciel Abaqus.

1.3.1 Comportement dynamique de la structure élastique

1.3.1.1 Principe fondamental de la dynamique

On considère un corps élastique occupant un domaine Ω_S, soumis à une force volumique f_v (poids propre), la forme générale de l'équation d'équilibre s'écrit :

$$\rho_s \frac{\partial^2 u}{\partial t^2} - \text{div}\sigma - f_v = 0 \qquad (1.13)$$

ρ_s représente la densité du matériau, σ désigne le tenseur de contraintes. L'équation (1.13) est généralement associée à deux types de conditions aux limites liées respectivement au déplacement imposé (Dirichlet) et aux charges externes appliquées (Neumann). La frontière Γ_S du domaine structure se décompose en sous-ensembles pour appliquer les conditions aux limites différentes (voir la figure 1.2) :

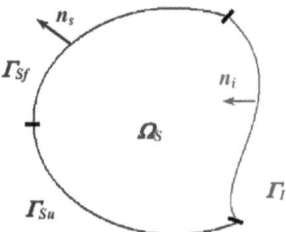

Figure 1.2 Domaine de la structure

Un déplacement imposé sur une partie de la frontière (Γ_{Su}) :

$$u = \overline{u} \qquad (1.14)$$

Un effort surfacique externe imposé sur une autre partie de la frontière (Γ_{Sf}), le vecteur contrainte étant donnée par :

$$\sigma \cdot n_s = f_{ext} \qquad (1.15)$$

Sur l'interface fluide-structure (Γ_I) en particulier, l'équation (1.15) s'écrit sous la forme :

$$-\sigma \cdot n_i = p \cdot n_i \qquad (1.16)$$

avec p la pression du fluide.

Les conditions initiales sont données par :

$$u(t=0) = u^0 \ , \ \dot{u}(t=0) = \dot{u}^0 \qquad (1.17)$$

1.3.1.2 Formulation intégrale

Avec une démarche similaire à celle exposée dans la section 1.2.2.3, la formulation intégrale du système dynamique de la structure élastique est détaillée dans ce qui suit. Pour alléger le document, les équations sont directement écrites pour le cas axisymétrique.

Pour une structure constituée par un matériau homogène et en négligeant les effets de la gravité, la forme intégrale de l'équation dynamique (1.13) s'écrit :

$$W = \int_{\Omega_s} \vec{\psi} \left(\rho_s \frac{\partial^2 \vec{u}}{\partial t^2} - div(\sigma) \right) d\Omega_s = 0 \quad \forall \vec{\psi} \qquad (1.18)$$

L'équation (1.18) peut se développer sous la forme :

$$W = \int_{\Omega_s} (\vec{\psi} \cdot \rho_s \cdot \ddot{\vec{u}}) d\Omega_s - \int_{\Omega_s} (\vec{\psi} \cdot div(\sigma)) d\Omega_s = 0 \qquad (1.19)$$

La forme intégrale faible est obtenue après l'intégration par parties :

$$W = \int_{\Omega_s} (\vec{\psi} \cdot \rho_s \cdot \ddot{\vec{u}}) d\Omega_s + \int_{\Omega_s} (\vec{\nabla} \psi \cdot \sigma) d\Omega_s - \int_{\Gamma_s} (\vec{\psi} \cdot \sigma \cdot n_s) d\Gamma_s = 0 \qquad (1.20)$$

Pour des raisons de commodité, W est décomposé en trois parties :

$$W = W_{ine} + W_{int} - W_{ext} = 0 \qquad (1.21)$$

W_{ine}, W_{int} et W_{ext} représentent les intégrations associées respectivement aux forces d'inertie, aux forces internes et aux forces externes.

$$W_{ine} = \int_{\Omega_s} (\vec{\psi} \cdot \rho_s \cdot \ddot{\vec{u}}) d\Omega_s \qquad (1.22a)$$

$$W_{int} = \int_{\Omega_s} (\vec{\nabla} \psi \cdot \sigma) d\Omega_s = \int_{\Omega_s} (\varepsilon \cdot \sigma) d\Omega_s \qquad (1.22b)$$

$$W_{ext} = \int_{\Gamma_s} (\vec{\psi} \cdot \sigma \cdot n_s) d\Gamma_s \qquad (1.22c)$$

où ε représente le tenseur de déformation pour la fonction de pondération (ψ).

On utilise la méthode des éléments finis, décrite au chapitre 2, pour discrétiser la forme faible (1.20) afin de déterminer les matrices et les vecteurs élémentaires et d'obtenir un système d'équations algébriques de la structure.

En résumé, le modèle mathématique du couplage fluide-structure est schématisé comme une boucle fermée sur la figure 1.3.

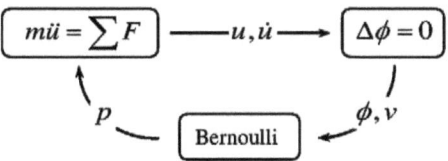

Figure 1.3 Schématisation du modèle mathématique

Chapitre 2
Modèle Numérique

2.0 Introduction

Le premier chapitre a été consacré aux systèmes d'équations aux dérivées partielles et à leurs formulations intégrales. Dans ce deuxième chapitre, nous présentons la transformation des équations aux dérivées partielles en équations algébriques par la méthode des éléments finis.

La méthode des éléments finis est l'outil couramment utilisées aujourd'hui pour résoudre les problèmes de l'ingénieur dans l'industrie. Elle consiste à discrétiser le problème en décomposant le domaine à étudier en éléments de forme géométrique simple. Sur chacun de ces éléments, on utilise une approximation simple des inconnues pour calculer les matrices élémentaires correspondant à la forme intégrale du problème. Il ne reste alors qu'à assembler les formes matricielles élémentaires pour obtenir les équations algébriques.

Les principales étapes de construction d'un modèle numérique par la méthode des éléments finis sont les suivantes :

− Obtention d'un maillage ;

− Discrétisation du milieu continu en éléments ;

− Construction de l'approximation nodale par éléments ;

− Calcul des matrices élémentaires correspondant à la forme intégrale ;

− Assemblage des matrices élémentaires ;

− Prise en compte des conditions aux limites ;

− Résolution du système d'équations algébriques.

Nous commençons par présenter notre schéma numérique du couplage fluide-structure (l'approche partitionnée et séquentielle) et développons ensuite les modèles numériques du fluide et de la structure ainsi que la technique de la déformation du maillage fluide. Les modèles numériques sont basés sur les modèles mathématiques qui ont été décrits au chapitre précédent.

2.1 Approche partitionnée d'interaction fluide-structure

Pour simuler le phénomène du couplage fluide-structure, nous proposons une approche partitionnée et séquentielle. Il s'agit d'utiliser deux codes de calcul : l'un dédié au fluide, l'autre dédié à la structure. Ces deux codes, basés sur les modèles numériques du fluide et de la structure, sont couplés via un schéma de couplage en temps pour permettre une mise à jour régulière des données qui leur sont communes.

La figure 2.1 illustre le principe de cette approche d'interaction fluide-structure et se lit comme suit :

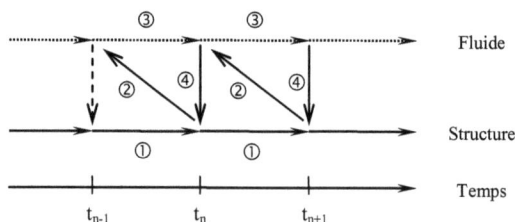

Figure 2.1 Algorithme de couplage fluide-structure

1. Le code structure dynamique permet de résoudre le problème de structure (obtenir le déplacement) et de mettre à jour les grandeurs caractéristiques de son état (vitesse, accélération...) à l'aide d'un schéma implicite en temps de type Newmark [40]. Il est possible d'avoir une sollicitation externe imposée sur la structure comme condition aux limites.

2. Le déplacement et la vitesse de la structure sont transmis au code fluide et une déformation du maillage fluide à chaque pas de temps est opérée par l'analogie pseudo-matériau [41] afin de conserver la compatibilité cinématique entre le fluide et la structure mobile associée.

3. Le code fluide instationnaire basé sur un maillage déformable qui intègre le déplacement de la structure et résout successivement le champ de vitesse d'après l'équation de Laplace du potentiel des vitesses (ϕ) et le champ de pression d'après la forme instationnaire de l'équation de Bernoulli [39].

4. la pression exercée par le fluide sur l'interface fluide-structure est convertie en une charge sous la forme d'efforts nodaux appliqués sur la structure.

Ces étapes sont enchaînées au cours du temps de la façon illustrée sur la figure 2.1 pour résoudre le problème de couplage fluide-structure. Pour rappel, celui-ci est désigné comme un couplage faible si une seule résolution par solveur est demandée par incrément du temps (voir figure 2.2). Ce schéma est particulièrement efficace pour les problèmes d'interaction avec des fluides légers (gaz) de densité beaucoup plus faible que celle de la structure, mais il présente un inconvénient majeur car sa stabilité n'est plus assurée pour les cas de couplage impliquant des fluides lourds (liquides).

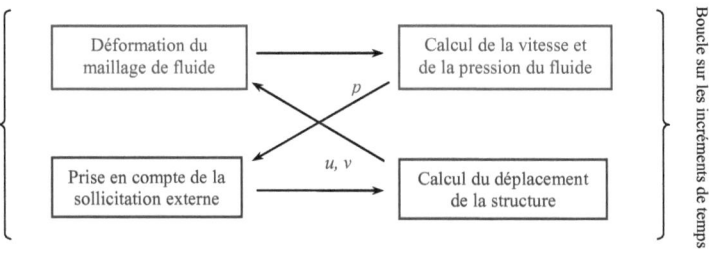

Figure 2.2 Schéma partitionné non itératif – Couplage faible

Le couplage partitionné fort est une extension du précédant schéma qui utilise un processus itératif avec respect d'un critère de convergence à chaque pas de temps afin d'améliorer la qualité du couplage, comme l'illustre la figure 2.3.

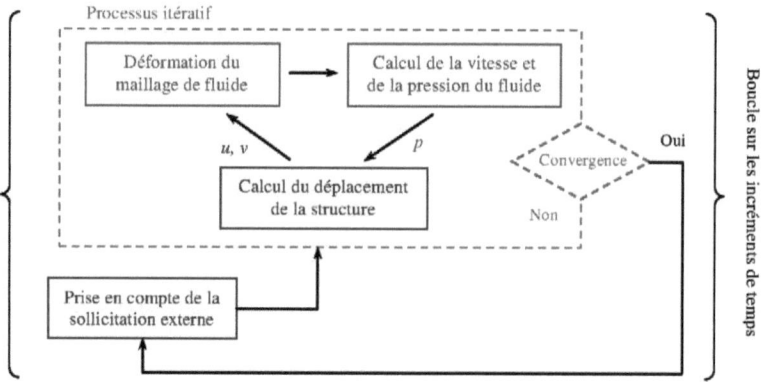

Figure 2.3 Schéma partitionné itératif – Couplage fort

Dans notre cas concret, on utilise un schéma partitionné itératif (couplage fort) illustré sur la figure 2.4 pour simuler le fonctionnement de la pompe à membrane ondulante :

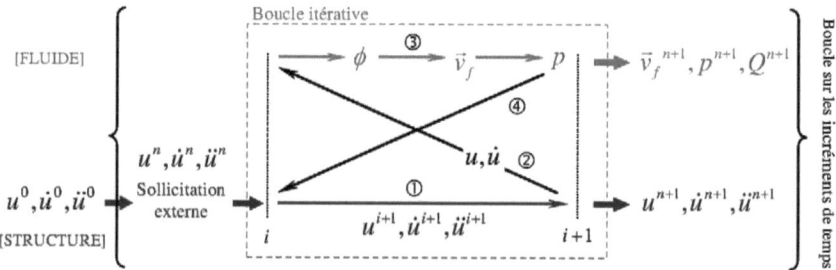

Figure 2.4 Algorithme partitionné avec processus itératif

Une boucle itérative est intégrée dans la boucle sur les incréments de temps et les variables correspondant aux pas de temps et aux itérations sont respectivement différenciées par les indices (n, $n+1$) et (i, $i+1$). La sollicitation externe peut être un déplacement sinusoïdal imposé sur le contour de la membrane comme condition à la limite à chaque pas de temps. Le processus itératif est alors conduit jusqu'au respect d'un critère de convergence basé sur l'écart d'accélération en respectant les 4 étapes données sur la figure 2.1.

L'introduction d'un processus itératif améliore la robustesse du schéma initial mais elle ne permet pas de simuler correctement l'interaction entre une structure flexible (ex : la membrane en caoutchouc) et un fluide de même densité ou de densité plus importante que celle de la structure. La convergence n'est pas toujours assurée et une divergence peut être observée quel que soit le pas de temps. Pour remédier à ce problème, une étude du critère de convergence et une modification du schéma itératif basée sur la compensation de la masse ajoutée sont présentées au chapitre 3.

A la convergence, les solutions obtenues par une approche partitionnée itérative et par une approche monolithique (couplage fort à un seul solveur) sont équivalentes.

2.2 Modèle numérique du fluide

Ce sous-chapitre décrit la formulation des éléments finis [42] utilisés pour discrétiser la formulation intégrale du chapitre 1 en utilisant les approximations nodales, ainsi que les différentes étapes nécessaires pour sa mise en œuvre dans le domaine fluide afin de fournir les solutions approchées du champ de vitesse et du champ de pression. Nous introduisons en particulier les notions de matrices et vecteurs élémentaires, d'assemblage et de matrices et vecteurs globaux.

2.2.1 Calcul du potentiel des vitesses

La forme intégrale faible de l'équation de Laplace du potentiel de vitesse est donnée par la relation (1.10). Elle est composée de deux parties, une intégrale de surface sur le domaine de fluide Ω_F et une intégrale de contour sur la frontière du domaine de fluide Γ_F pour appliquer les conditions aux limites.

$$W = \underbrace{\int_{\Omega_F} \vec{\nabla}\psi \cdot \vec{\nabla}\phi \cdot d\Omega_F}_{W_{\text{Surface}}} - \underbrace{\oint_{\Gamma_F} \psi \cdot \vec{\nabla}\phi \cdot \vec{n} \cdot d\Gamma_F}_{W_{\text{Contour}}} = 0$$

2.2.1.1 Ecriture faible de type Galerkin

Pour résoudre cette équation par la méthode des éléments finis, la première étape est de décomposer le domaine en éléments. On décompose la forme faible de type Galerkin selon :

$$W = \sum_{e=1}^{nelt} W^e = 0 \qquad (2.1)$$

Concrètement, l'intégrale de surface est discrétisée par les éléments triangulaires à 3 nœuds (T3), alors que la partie du contour avec des conditions de Neumann est discrétisée à l'aide d'éléments linéaires à deux nœuds (L2). Les conditions de Dirichlet sont directement imposées sur les degrés de libertés. On peut ainsi écrire :

$$W = \underbrace{\sum_{e} W_{T3}^{e}}_{W_{\text{Surface}}} + \underbrace{\sum_{e} W_{Neu}^{e} + W_{Dir}}_{W_{\text{Contour}}} = 0 \qquad (2.2)$$

2.2.1.2 Matrice et vecteurs élémentaires

On précise ici les discrétisations pour chaque type d'élément ainsi que les calculs des matrices et vecteurs élémentaires. D'après les équations (1.10) et (2.2), on peut obtenir les intégrations élémentaires :

$$W_{T3}^{e} = \iint_{A^{e}} \vec{\nabla}\psi \cdot \vec{\nabla}\phi \cdot dA^{e} = \iint_{A^{e}} \vec{\nabla}\psi \cdot \vec{\nabla}\phi \cdot dxdy \qquad (2.3a)$$

$$W_{Neu}^{e} = -\int_{0}^{L^{e}} \psi \cdot \vec{\nabla}\phi \cdot \vec{n} \cdot ds = -\int_{0}^{L^{e}} \psi \cdot \vec{v} \cdot \vec{n} \cdot ds \qquad (2.3b)$$

$$W_{Dir} = -\int_{S_{Dir}} \psi \cdot \vec{\nabla}\phi \cdot \vec{n} \cdot ds \quad avec \quad \phi = \phi_{0} \qquad (2.3c)$$

2.2.1.2.a Formulation de l'élément triangulaire à 3 nœuds

On discrétise l'intégration de surface en utilisant l'élément surfacique le plus simple : les éléments triangulaires à 3 nœuds. La figure 2.5 illustre un élément T3 quelconque dans le plan (xOy) avec ses coordonnées nodales :

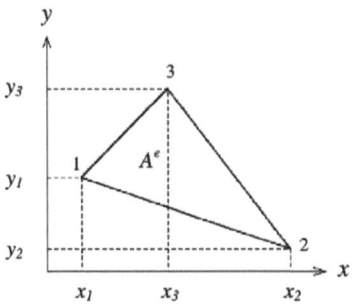

Figure 2.5 Elément triangulaire à 3 nœuds

La fonction continue $\phi(x, y)$ est discrétisée par la méthode des éléments finis, en utilisant les fonctions d'approximation $< N_1 \; N_2 \; N_3 >$ sous la forme :

$$\phi(x,y) = \langle N_1(x,y) \quad N_2(x,y) \quad N_3(x,y) \rangle \begin{Bmatrix} \phi_1 \\ \phi_2 \\ \phi_3 \end{Bmatrix} \qquad (2.4a)$$

L'approche Galerkin consiste à approximer la fonction-test de la même manière. Pour des questions de commodité, on utilise la réorganisation vectorielle suivante :

$$\psi(x,y) = \langle \psi_1 \quad \psi_2 \quad \psi_3 \rangle \begin{Bmatrix} N_1(x,y) \\ N_2(x,y) \\ N_3(x,y) \end{Bmatrix} \qquad (2.4b)$$

On choisit les fonctions d'approximation de forme linéaire sur la base polynomiale 2D du triangle de Pascal :

$$N_i(x,y) = a_i + b_i x + c_i y, \quad i = 1, 2, 3$$

On applique la relation générale :

$$N_i(x_j, y_j) = \begin{cases} 1 \; si \; i = j \\ 0 \; si \; i \neq j \end{cases} \qquad (2.5)$$

Soient les 3 systèmes à 3 équations suivants à résoudre :

$$\begin{cases} N_1(x_1,y_1) = 1 = a_1 + b_1 x_1 + c_1 y_1 \\ N_1(x_2,y_2) = 0 = a_1 + b_1 x_2 + c_1 y_2 \\ N_1(x_3,y_3) = 0 = a_1 + b_1 x_3 + c_1 y_3 \end{cases}, \begin{cases} N_2(x_1,y_1) = 0 = a_2 + b_2 x_1 + c_2 y_1 \\ N_2(x_2,y_2) = 1 = a_2 + b_2 x_2 + c_2 y_2 \\ N_2(x_3,y_3) = 0 = a_2 + b_2 x_3 + c_2 y_3 \end{cases}, \begin{cases} N_3(x_1,y_1) = 0 = a_3 + b_3 x_1 + c_3 y_1 \\ N_3(x_2,y_2) = 0 = a_3 + b_3 x_2 + c_3 y_2 \\ N_3(x_3,y_3) = 1 = a_3 + b_3 x_3 + c_3 y_3 \end{cases}$$

Après la résolution des 3 systèmes, on obtient :

$$N_1(x,y) = \frac{1}{2A^e}\left((y_3-y_2)(x_2-x)-(x_3-x_2)(y_2-y)\right)$$
$$N_2(x,y) = \frac{1}{2A^e}\left((y_1-y_3)(x_3-x)-(x_1-x_3)(y_3-y)\right) \quad (2.6)$$
$$N_3(x,y) = \frac{1}{2A^e}\left((y_2-y_1)(x_1-x)-(x_2-x_1)(y_1-y)\right)$$

Avec l'aire de l'élément :

$$A^e = \frac{(x_2-x_1)(y_3-y_1)-(x_3-x_1)(y_2-y_1)}{2}$$

Pour rappel, la forme élémentaire (2.3a) à discrétiser est :

$$W_{T3}^e = \iint_{A^e} \vec{\nabla}\psi(x,y)\cdot\vec{\nabla}\phi(x,y)\cdot dxdy$$

Le terme de gradient $\vec{\nabla}\phi(x,y)$ se déduit de l'approximation sur ϕ :

$$\vec{\nabla}\phi(x,y) = \begin{Bmatrix}\dfrac{\partial\phi}{\partial x}\\ \dfrac{\partial\phi}{\partial y}\end{Bmatrix} = \begin{bmatrix}N_{1,x} & N_{2,x} & N_{3,x}\\ N_{1,y} & N_{2,y} & N_{3,y}\end{bmatrix}\begin{Bmatrix}\phi_1\\ \phi_2\\ \phi_3\end{Bmatrix} = [B]\begin{Bmatrix}\phi_1\\ \phi_2\\ \phi_3\end{Bmatrix} \quad (2.7a)$$

On définit la matrice de gradient $[B]$:

$$[B] = \begin{bmatrix}N_{1,x} & N_{2,x} & N_{3,x}\\ N_{1,y} & N_{2,y} & N_{3,y}\end{bmatrix} = \frac{1}{2A^e}\begin{bmatrix}y_2-y_3 & y_3-y_1 & y_1-y_2\\ x_3-x_2 & x_1-x_3 & x_2-x_1\end{bmatrix}$$

De même pour le gradient de la fonction-test ψ :

$$\vec{\nabla}\psi(x,y) = \left\langle\dfrac{\partial\psi}{\partial x}\quad\dfrac{\partial\psi}{\partial y}\right\rangle = \langle\psi_1\;\psi_2\;\psi_3\rangle\begin{bmatrix}N_{1,x} & N_{1,y}\\ N_{2,x} & N_{2,y}\\ N_{3,x} & N_{3,y}\end{bmatrix} = \langle\psi_1\;\psi_2\;\psi_3\rangle[B]^T \quad (2.7b)$$

La forme élémentaire s'écrit alors :

$$W_{T3}^e = \iint_{Ae} \langle \psi_1 \ \psi_2 \ \psi_3 \rangle [B]^T [B] \begin{Bmatrix} \phi_1 \\ \phi_2 \\ \phi_3 \end{Bmatrix} dxdy \qquad (2.8)$$

Pour l'élément T3, la matrice [B] est composée de constantes, d'où :

$$W_{T3}^e = \langle \psi_1 \ \psi_2 \ \psi_3 \rangle [K^e]_{T3} \begin{Bmatrix} \phi_1 \\ \phi_2 \\ \phi_3 \end{Bmatrix} - \langle \psi_1 \ \psi_2 \ \psi_3 \rangle \{F^e\}_{T3} \qquad (2.9)$$

Avec :

$$\left[K^e\right]_{T3} = A^e [B]^T [B], \quad \{F^e\}_{T3} = \begin{Bmatrix} 0 \\ 0 \\ 0 \end{Bmatrix} \qquad (2.10)$$

Dans cette section, les formules d'éléments finis sont décrites dans le plan (xOy) pour un cas général. Elles peuvent également être appliquées dans un plan axisymétrique (rOz) à l'aide d'un changement de variables :

$$W^e = \int_{A^e} f(\phi) dxdy = \int_{A^e} f(\phi) r dr dz \qquad (2.11)$$

Le passage du plan (xOy) au plan axisymétrique (rOz) est obtenu en multipliant le rayon moyen des nœuds $\bar{r}$ pour les matrices et les vecteurs élémentaires. Puisqu'on a $\Sigma W^e = 0$, la dimension uniforme h selon la direction $\vec{z}$ ou la valeur 2π selon la direction $\vec{\theta}$ n'a aucune influence sur la résolution.

En conséquence, la matrice de rigidité et le vecteur de sollicitation élémentaires pour un élément T3 axisymétrique (rOz) sont données par :

$$\left[K^e\right]_{T3} = A^e \bar{r} [B]^T [B], \quad \{F^e\}_{T3} = \bar{r} \begin{Bmatrix} 0 \\ 0 \\ 0 \end{Bmatrix} = \begin{Bmatrix} 0 \\ 0 \\ 0 \end{Bmatrix} \qquad (2.12)$$

2.2.1.2.b Traitement de l'élément de contour : Condition de Neumann

Les conditions de Neumann sont intégrées en ayant recours aux éléments de contour linéaires à 2 nœuds. La figure 2.6 illustre un tel élément dans son repère local $\vec{s}$ et de longueur L^e :

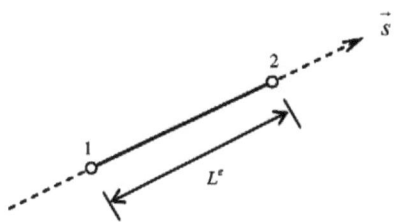

Figure 2.6 Elément linéaire à 2 nœuds

Pour rappel, la forme élémentaire (2.3b) à discrétiser est :

$$W_{Neu}^e = -\int_0^{L^e} \psi \cdot \vec{\nabla}\phi \cdot \vec{n} \cdot ds = -\int_0^{L^e} \psi \cdot \vec{v} \cdot \vec{n} \cdot ds$$

On choisit les fonctions d'approximation de forme linéaire d'ordre 1 :

$$N_1(s) = a_1 s + b_1, \quad N_2(s) = a_2 s + b_2$$

Avec la relation générale (2.5), on construit 2 systèmes d'équations :

$$\begin{cases} N_1(0) = 1 = a_1 \times 0 + b_1 \\ N_1(L^e) = 0 = a_1 \times L^e + b_1 \end{cases}, \quad \begin{cases} N_2(0) = 0 = a_2 \times 0 + b_2 \\ N_2(L^e) = 1 = a_2 \times L^e + b_2 \end{cases}$$

Après la résolution de 2 systèmes, on obtient :

$$N_1(s) = 1 - \frac{s}{L^e}, \quad N_2(s) = \frac{s}{L^e} \tag{2.13}$$

Dans le problème d'interaction fluide-structure, on a deux types de conditions de Neumann : l'une est imposée sur les parois externes et l'autre est appliquée sur l'interface fluide-structure.

Les parois externes étant rigides, fixes et imperméables, la vitesse normale de l'écoulement est nulle, soit : $\vec{v} \cdot \vec{n}_f = 0$. Il s'agit donc d'une condition aux limites naturellement vérifiée.

$$W_{Neu}^e = -\int_0^{L^e} \psi \cdot \vec{v} \cdot \vec{n}_f \cdot ds = 0 \qquad (2.14a)$$

Au niveau de l'interface fluide-structure, le calcul du potentiel est couplé avec un code de dynamique des structures. La vitesse normale de l'écoulement est égale à la vitesse normale de la structure, soit $\vec{v} \cdot \vec{n}_i = \vec{u} \cdot \vec{n}_i$ d'où :

$$W_{Neu}^e = -\int_0^{L^e} \psi \cdot \vec{v} \cdot \vec{n}_i \cdot ds = -\int_0^{L^e} \psi \cdot \vec{u} \cdot \vec{n}_i \cdot ds \qquad (2.14b)$$

La vitesse de la structure et la fonction-test sont approximées sous la forme :

$$\vec{u} = \langle N_1 \quad N_2 \rangle \begin{Bmatrix} \vec{u}_1 \\ \vec{u}_2 \end{Bmatrix} \qquad \psi = \langle \psi_1 \quad \psi_2 \rangle \begin{Bmatrix} N_1 \\ N_2 \end{Bmatrix} \qquad (2.15)$$

La forme élémentaire est récrite alors :

$$W_{Neu}^e = -\langle \psi_1 \quad \psi_2 \rangle \int_0^{L^e} \begin{Bmatrix} N_1 \\ N_2 \end{Bmatrix} \langle N_1 \quad N_2 \rangle ds \begin{Bmatrix} \vec{u}_1 \cdot \vec{n}_i \\ \vec{u}_2 \cdot \vec{n}_i \end{Bmatrix} \qquad (2.16)$$

Les vitesses nodales de l'élément de structure sont représentées sous la forme d'un vecteur orthogonal suivant les directions x et y. Après intégration et calcul du produit scalaire, on obtient :

$$W_{Neu}^e = -\langle \psi_1 \quad \psi_2 \rangle \frac{L^e}{6} \begin{bmatrix} 2 & 1 \\ 1 & 2 \end{bmatrix} \begin{Bmatrix} \dot{u}_{1x} n_{ix} + \dot{u}_{1y} n_{iy} \\ \dot{u}_{2x} n_{ix} + \dot{u}_{2y} n_{iy} \end{Bmatrix} \qquad (2.17)$$

On peut également écrire :

$$W^e_{Neu} = -\langle \psi_1 \quad \psi_2 \rangle \{F^e\}_{Neu}$$

Avec :

$$\{F^e\}_{Neu} = \frac{L^e}{6}\begin{bmatrix} 2 & 1 \\ 1 & 2 \end{bmatrix}\begin{Bmatrix} \dot{u}_{1x}n_{ix} + \dot{u}_{1y}n_{iy} \\ \dot{u}_{2x}n_{ix} + \dot{u}_{2y}n_{iy} \end{Bmatrix} \quad (2.18)$$

A l'aide du passage du plan (xOy) au plan axisymétrique (rOz), le vecteur de sollicitation élémentaire associé à la condition Neumann au plan (rOz) s'écrit :

$$\{F^e\}_{Neu} = \frac{L^e \bar{r}}{6}\begin{bmatrix} 2 & 1 \\ 1 & 2 \end{bmatrix}\begin{Bmatrix} \dot{u}_{1r}n_{ir} + \dot{u}_{1z}n_{iz} \\ \dot{u}_{2r}n_{ir} + \dot{u}_{2z}n_{iz} \end{Bmatrix} \quad (2.19)$$

Les matrices et les vecteurs élémentaires pour les éléments T3 et L2 sont déterminés. Il reste ensuite à assembler toutes les matrices et les vecteurs élémentaires dans une seule matrice de rigidité globale [K] et un seul vecteur de sollicitation global {F} pour aboutir au système suivant :

$$[K]\{\phi_i\} = \{F\} \quad (2.20)$$

Les conditions de Dirichlet sont introduites dans le système après la phase d'assemblage comme toute dernière étape.

2.2.1.3 Assemblage

Après calcul de toutes les contributions élémentaires, on obtient :

$$W = \sum_e \langle \psi_i \rangle^e [K^e]\{\phi_i\}^e - \sum_e \langle \psi_i \rangle^e \{F^e\} + W_{Dir} = 0 \quad (2.21)$$

Où $<\psi_i>$ et $\{\phi_i\}$ sont les variables nodales pour la fonction-test et le potentiel de vitesse.

La phase d'assemblage consiste à :

- établir une matrice de rigidité globale [K] et projeter les matrices élémentaires [K^e] dans [K] ;
- établir un vecteur de sollicitation global {F} et projeter les vecteurs de sollicitation élémentaires {F^e} dans {F}.

Tels que :

$$W = \langle \psi_1 \cdots \psi_n \rangle \left([K]_{n \times n} \begin{Bmatrix} \phi_1 \\ \vdots \\ \phi_n \end{Bmatrix} - \{F\}_{n \times 1} \right) = 0 \qquad (2.22)$$

Pour assembler les matrices et les vecteurs par projection, il est nécessaire de créer d'abord une table de connectivité. Elle consiste à préciser les connexions nodales sur chaque élément et nous permet de localiser la « zone » de la matrice globale où sera projetée la matrice élémentaire. On va présenter la démarche d'assemblage détaillée en traversant un exemple simple.

Exemple 2.1 Un maillage de structure 1D à 4 nœuds

Considérons un maillage avec 3 éléments de type barre de longueur identique L^e, illustré sur la figure 2.7 :

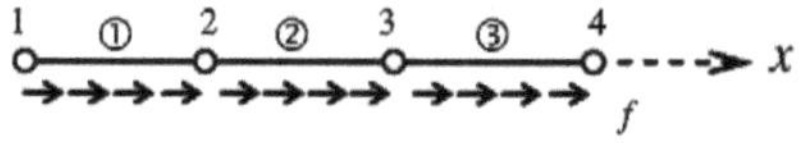

Figure 2.7 Maillage de barre à 4 nœuds

La matrice de rigidité élémentaire [K^e] et le vecteur de sollicitation élémentaire {F^e} s'écrivent :

$$[K^e] = \frac{EA}{L^e} \begin{bmatrix} 1 & -1 \\ -1 & 1 \end{bmatrix} \qquad \{F^e\} = \frac{L^e f}{2} \begin{Bmatrix} 1 \\ 1 \end{Bmatrix}$$

La table de connectivité « kconec » est définie comme suit :

$$kconec = \begin{bmatrix} 1 & 2 \\ 2 & 3 \\ 3 & 4 \end{bmatrix}$$

- Le numéro de ligne correspond le numéro de l'élément ;
- Le contenu de chaque ligne est la liste des nœuds de

Pour un élément de barre à 2 nœuds, il existe 2 colonnes dans la table de connectivité. Et pour un élément triangulaire à 3 nœuds, il y en a 3. Si on définit une table de connectivité avec un mélange des éléments de barre et de triangle, on prendra une table de 3 colonnes et mettra un 0 sur la 3ème colonne pour les éléments de barre. Ici, la première ligne [1 2] note que l'élément ① est connecté aux nœuds 1 et 2.

La projection de la matrice élémentaire dans la matrice globale est réalisée avec les étapes suivantes :
- On extrait la liste des nœuds connectés
- On isole les lignes et les colonnes correspondantes dans [K]
- On y projette [K^e] selon la connectivité de l'élément

On boucle ensuite ces étapes sur l'ensemble des éléments. Le procédé est identique pour l'assemblage des vecteurs de sollicitation.

Dans le cas concret, la dimension de la matrice globale [K] est (4×4) et celle du vecteur global {F} est (4×1) car on a un maillage à 4 nœuds.

Assemblage de l'élément ① :

kconec ① = [1 2]

$$\frac{EA}{L^e}\begin{bmatrix} 1 & -1 & 0 & 0 \\ -1 & 1 & 0 & 0 \\ 0 & 0 & 0 & 0 \\ 0 & 0 & 0 & 0 \end{bmatrix}\begin{Bmatrix} U_1 \\ U_2 \\ U_3 \\ U_4 \end{Bmatrix} = \frac{L^e f}{2}\begin{Bmatrix} 1 \\ 1 \\ 0 \\ 0 \end{Bmatrix}\begin{matrix} 1 \\ 2 \\ 3 \\ 4 \end{matrix}$$

Assemblage de l'élément ② :

kconec ② = [2 3]

$$\frac{EA}{L^e}\begin{bmatrix} 1 & -1 & 0 & 0 \\ -1 & 1+1 & -1 & 0 \\ 0 & -1 & 1 & 0 \\ 0 & 0 & 0 & 0 \end{bmatrix}\begin{Bmatrix} U_1 \\ U_2 \\ U_3 \\ U_4 \end{Bmatrix} = \frac{L^e f}{2}\begin{Bmatrix} 1 \\ 1+1 \\ 1 \\ 0 \end{Bmatrix}\begin{matrix} 1 \\ 2 \\ 3 \\ 4 \end{matrix}$$

Assemblage de l'élément ③ :

kconec ③ = [3 4]

$$\frac{EA}{L^e}\begin{bmatrix} 1 & -1 & 0 & 0 \\ -1 & 2 & -1 & 0 \\ 0 & -1 & 1+1 & -1 \\ 0 & 0 & -1 & 1 \end{bmatrix}\begin{Bmatrix} U_1 \\ U_2 \\ U_3 \\ U_4 \end{Bmatrix} = \frac{L^e f}{2}\begin{Bmatrix} 1 \\ 2 \\ 1+1 \\ 1 \end{Bmatrix}\begin{matrix} - \\ 2 \\ 3 \\ 4 \end{matrix}$$

Système assemblé de l'exemple 2.1 :

$$\frac{EA}{L^e}\begin{matrix} & 1 & 2 & 3 & 4 \\ & \end{matrix}\begin{bmatrix} 1 & -1 & 0 & 0 \\ -1 & 2 & -1 & 0 \\ 0 & -1 & 2 & -1 \\ 0 & 0 & -1 & 1 \end{bmatrix}\begin{Bmatrix} U_1 \\ U_2 \\ U_3 \\ U_4 \end{Bmatrix} = \frac{L^e f}{2}\begin{Bmatrix} 1 \\ 2 \\ 2 \\ 1 \end{Bmatrix}\begin{matrix} - \\ 2 \\ 3 \\ 4 \end{matrix}$$

La liste des nœuds dans la table de connectivité n'est pas toujours consécutive, il faut être prudent sur le positionnement de chaque composant de la matrice élémentaire dans la matrice globale.

Dans notre cas du calcul du potentiel de vitesse, on effectue un assemblage d'un mélange des éléments de triangle et de barre et établit un système global :

$$[K] \{\phi_i\} = \{F\}$$

2.2.1.4 Condition de Dirichlet :

Différent par rapport les conditions de Neumann, la prise en compte de la condition de Dirichlet se fait sur le système global après l'assemblage mais non élémentairement.

La condition de Dirichlet impose certaines solutions spécifiques dans le système global. Lorsque l'on impose la valeur d'un degré de liberté ϕ_i, le second membre F_i de l'équation devient une variable inconnue appelée réaction en mécanique. Cette réaction peut être calculée après la résolution du système.

On introduit la condition de Dirichlet en modifiant la matrice de rigidité globale et le vecteur de sollicitation global avec la méthode du terme unité sur la diagonale. On reprend l'exemple 2.1 pour montrer cette démarche.

Exemple 2.1 Un maillage de structure 1D à 4 nœuds (suite)

Pour rappel, le système d'équations algébriques global s'écrit :

$$\frac{EA}{L^e}\begin{bmatrix} 1 & -1 & 0 & 0 \\ -1 & 2 & -1 & 0 \\ 0 & -1 & 2 & -1 \\ 0 & 0 & -1 & 1 \end{bmatrix}\begin{Bmatrix} U_1 \\ U_2 \\ U_3 \\ U_4 \end{Bmatrix} = \frac{L^e f}{2}\begin{Bmatrix} 1 \\ 2 \\ 2 \\ 1 \end{Bmatrix}$$

Une condition de Dirichlet est imposée sur le premier nœud du maillage :

$$U(x=0) = U_1 = \overline{U}$$

La méthode du terme unité sur la diagonale consiste à modifier les lignes associées à la condition de Dirichlet dans la matrice de rigidité $[K]$ et dans le vecteur de sollicitation $\{F\}$ de façon suivante :

- mettre 1 sur la diagonale de la matrice $[K]$
- mettre 0 sur les autres positions de la matrice $[K]$
- mettre la valeur de solution spécifique dans le vecteur $\{F\}$

Les modifications sont effectuées uniquement sur les lignes associées à la condition.

Dans cet exemple concret, on a :

$$\begin{bmatrix} 1 & 0 & 0 & 0 \\ -\dfrac{EA}{L^e} & 2\dfrac{EA}{L^e} & -\dfrac{EA}{L^e} & 0 \\ 0 & -\dfrac{EA}{L^e} & 2\dfrac{EA}{L^e} & -\dfrac{EA}{L^e} \\ 0 & 0 & -\dfrac{EA}{L^e} & \dfrac{EA}{L^e} \end{bmatrix} \begin{Bmatrix} U_1 \\ U_2 \\ U_3 \\ U_4 \end{Bmatrix} = \begin{Bmatrix} \overline{U} \\ L^e f \\ L^e f \\ \dfrac{L^e f}{2} \end{Bmatrix}$$

Dans notre cas du calcul du potentiel de vitesse, puisqu'on n'a pas de flux externe entre dans le domaine, on impose un potentiel nul sur l'entrée du domaine :

$$\phi = \phi_0 = 0 \quad sur \quad \Gamma_{Dir} \qquad (2.23)$$

On introduit cette condition dans notre système global : $[K]\{\phi_i\} = \{F\}$ avant la résolution.

2.2.1.5 Résolution :

La résolution du système d'équations algébriques avec les conditions aux limites nous fournit une solution numérique du champ de potentiel, solution approchée du modèle mathématique.

La précision de la résolution numérique est liée au nombre d'éléments dans le domaine. Le raffinement du maillage favorise la précision de la solution. Généralement, il est nécessaire de réaliser plusieurs maillages et d'effectuer une étude de convergence pour estimer la taille optimale du maillage. La résolution de l'équation de Laplace du potentiel de vitesse demande beaucoup moins des éléments que la résolution des équations de Navier-Stokes, afin d'obtenir une solution dans la même gamme de précision. C'est pourquoi notre méthode présente une rapidité importante par rapport aux logiciels du commerce, en restant bien entendu dans le domaine de validité du modèle retenu (incompressible et non visqueux).

Après avoir déterminé le champ potentiel, on fait par la suite les post-traitements nécessaires pour le calcul du champ de vitesse puis du champ de pression.

2.2.2 Calcul du champ de vitesse d'écoulement

Le champ de vitesse se déduit par le calcul du gradient du champ de potentiel, à savoir :

$$\vec{v} = \nabla \vec{\phi}$$

2.2.2.1 Calcul de la vitesse élémentaire

Le calcul du gradient s'effectue sur chaque élément triangulaire :

$$\vec{v^e} = \nabla \vec{\phi^e} = [B]\{\phi\}^e = \begin{bmatrix} N_{1,x} & N_{2,x} & N_{3,x} \\ N_{1,y} & N_{2,y} & N_{3,y} \end{bmatrix} \begin{Bmatrix} \phi_1 \\ \phi_2 \\ \phi_3 \end{Bmatrix}^e \quad (2.24)$$

Le résultat de l'équation 2.24 est une vitesse constante par élément T3. Le choix de l'élément fini retenu, combiné à une approche exclusivement en déplacements, ne permet pas d'assurer la continuité inter-éléments des gradients de la solution. Par conséquent, il est nécessaire de moyenner les vitesses élémentaires aux nœuds pour obtenir le champ de vitesse global.

2.2.2.2 Calcul de la vitesse nodale

Pour moyenner les vitesses élémentaires aux nœuds, on calcule la vitesse moyenne de tous les éléments connectés au nœud i que l'on définit comme la vitesse nodale $\vec{v}^i$, illustrée sur la figure 2.8 :

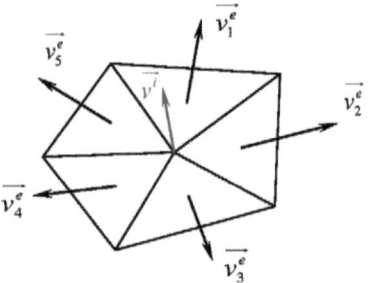

Figure 2.8 Calcul de la vitesse nodale

Il existe deux méthodes pour calculer la moyenne pondérée des vitesses élémentaires. On peut pondérer soit par le nombre des éléments connectés au nœud, soit par les surfaces des éléments connectés au nœud :

$$v\big|_i = \frac{1}{n}\sum_n v^e \quad ou \quad v\big|_i = \frac{\sum_n v^e \times A^e}{\sum_n A^e} \qquad (2.25)$$

Il est nécessaire de sauvegarder le nombre n d'éléments connectés et les surfaces élémentaires A^e pour chaque nœud du maillage fluide pendant la phase d'assemblage. Dans notre cas, le choix retenu porte sur le calcul de la vitesse moyenne en pondérant par le nombre d'éléments connectés. Il a en effet été observé avec le choix de pondération par les surfaces élémentaires, des oscillations parasites particulièrement visibles sur le champ de pression, phénomène qui n'a cependant pas été relevé avec le premier choix.

Avec cette approche basée sur le concept du potentiel de vitesse, le calcul du champ de vitesse est découplé de celui du champ de pression. La pression n'apparaissant pas dans le modèle mathématique, il est donc nécessaire d'ajouter une loi de comportement pour reconnecter le fluide et la structure en ayant recours à la forme générale instationnaire du principe de Bernoulli.

2.2.3 Calcul du champ de pression instationnaire

Dans le premier chapitre, le principe de Bernoulli en régime instationnaire a été introduit. Pour rappel, on réécrit ici l'équation (1.11) :

$$\frac{\partial \phi}{\partial t} + \frac{p}{\rho_f} + \frac{v^2}{2} + gz = C(t)$$

A un instant donné t, la charge $C(t)$ est constante. La pression relative entre deux positions (x) et (0) s'écrit :

$$p_{(x)} - p_0 = \rho_f \left(\frac{\partial \phi_0}{\partial t} - \frac{\partial \phi_{(x)}}{\partial t} \right) + \rho_f \frac{v_0^2 - v_{(x)}^2}{2} + \rho_f g \left(z_0 - z_{(x)} \right) \quad (2.26)$$

La position (x) est un nœud quelconque dans le domaine de fluide ; la position (0) est une position de référence choisie à l'entrée du domaine avec un potentiel nul imposé et une coordonnée z identique à celle de la position (x). Elle sera associée à une condition à la limite parfaitement déterminée. D'où :

$$\phi_0 = 0 \quad \text{et} \quad z_0 = z_{(x)} \quad \forall t \quad (2.27)$$

A l'entrée du domaine de fluide, la pression est égale à une pression de référence :

$$p_0 = p_{ref} \quad (2.28)$$

La pression relative peut donc s'écrire :

$$p_{relative} = p_i - p_{ref} = -\rho_f \frac{\partial \phi_{(x)}}{\partial t} + \rho_f \frac{v_0^2 - v_{(x)}^2}{2} \quad (2.29)$$

Ici, le terme $\frac{\partial \phi}{\partial t}$ est une dérivée partielle en temps pour une position fixe en espace :

$$\frac{\partial \phi_i}{\partial t} = \frac{\phi_i^{t+\Delta t} - \phi_i^t}{\Delta t} \quad (2.30)$$

l'expression valable si le maillage est fixe. Néanmoins, pour des calculs associés à un maillage déformable au cours du temps, la fonction potentiel $\phi(x, y, t)$ n'est plus fixe en espace et la différentiation entre deux instants sur un même nœud est alors caractéristique d'une dérivée matérielle et non plus partielle, à savoir :

$$\left.\frac{d\phi_i}{dt}\right|_{(x,y,t)} = \frac{\partial \phi_i}{\partial x}\cdot\frac{dx_i}{dt} + \frac{\partial \phi_i}{\partial y}\cdot\frac{dy_i}{dt} + \frac{\partial \phi_i}{\partial t}\cdot\frac{dt}{dt} \qquad (2.31)$$

On peut faire apparaitre un produit scalaire de deux vecteurs, le gradient du potentiel ϕ et la vitesse du maillage mobile, dans l'équation (2.31) :

$$\frac{\partial \phi_i}{\partial x}\cdot\frac{dx}{dt} + \frac{\partial \phi_i}{\partial y}\cdot\frac{dy}{dt} = \left\langle \frac{\partial \phi_i}{\partial x} \quad \frac{\partial \phi_i}{\partial y}\right\rangle \cdot \begin{Bmatrix} \dfrac{dx_i}{dt} \\ \dfrac{dy_i}{dt} \end{Bmatrix} = \vec{\nabla}\phi(x,y)\cdot \vec{v}_{im} \qquad (2.32)$$

Puisque $\vec{v} = \vec{\nabla}\phi$, l'équation (2.31) est donc réécrite sous la forme :

$$\left.\frac{d\phi_i}{dt}\right|_{(x,y,t)} = \vec{v}_{if}\cdot\vec{v}_{im} + \frac{\partial \phi_i}{\partial t} \qquad (2.33)$$

Avec :

$\vec{v}_{if}$: la vitesse d'écoulement au nœud i

$\vec{v}_{im}$: la vitesse du maillage déformable au nœud i

La dérivée partielle se déduit par :

$$\frac{\partial \phi_i}{\partial t} = \frac{\phi_i^{t+\Delta t} - \phi_i^{t}}{\Delta t} - \vec{v}_{if}\cdot\vec{v}_{im} \qquad \text{avec le maillage déformable} \qquad (2.34)$$

En conséquence, l'expression de la pression relative dans notre cas s'écrit :

$$p_{relative} = -\rho_f \left(\frac{\phi_{(x)}^{t+\Delta t} - \phi_{(x)}^{t}}{\Delta t} - \vec{v}_{(x)f}\cdot\vec{v}_{(x)m} \right) + \rho_f \frac{v_0^{\,2} - v_{(x)}^{\,2}}{2} \qquad (2.35)$$

Cette expression nous permet de déterminer les pressions nodales dans le domaine fluide. La discrétisation temporelle de la dérivée partielle du potentiel est ici donnée avec une précision à l'ordre un en temps. Cet ordre de précision peut être augmenté à l'ordre 2, mais cette limite est le maximum possible sous peine de pénaliser la convergence du cycle itératif d'IFS en cas de fluides lourds (détails donnés au chapitre 4). Cette limite semble être liée au degré de précision du calcul du champ de vitesse, avec la nécessité cependant que le champ de pression ne bénéficie pas d'une précision supérieure.

2.2.4 Calcul du débit à l'entrée et à la sortie

Dans le cas d'un écoulement potentiel, le débit volumique s'obtient par intégration de la vitesse du fluide sur le contour entrée et sortie du domaine :

$$Q = \oint_s \vec{v} \cdot \vec{n}_f \, ds \tag{2.36}$$

Avec une approche par éléments finis, on calcule le débit élémentaire aux frontières du domaine fluide :

$$Q_e = h \int_0^{l^e} \vec{v}(s) \vec{n}_f \, ds = \frac{l^e h}{2} \left(\vec{v}_1 \cdot \vec{n}_f + \vec{v}_2 \cdot \vec{n}_f \right) \tag{2.37}$$

Cette expression est ici valable pour un cas 2D plan, l'extension au cas axisymétrique requérant quant à elle une pondération par le rayon moyen.

Les débits globaux s'obtiennent en sommant les débits élémentaires à l'entrée et à la sortie, soit :

$$Q_{entrée} = \sum Q_e \quad \text{pour les éléments L2 à l'entrée}$$

$$Q_{sortie} = \sum Q_e \quad \text{pour les éléments L2 à la sortie}$$

2.3 Modèle numérique de la structure

Ce sous-chapitre décrit la résolution du problème de dynamique de la structure pour obtenir les déplacements en prenant en compte les sollicitations externes y compris la pression exercées par le fluide. Ici le principe fondamental de la dynamique est discrétisé par la méthode des éléments finis [43] et la résolution temporelle est assurée par le schéma implicite de Newmark-Wilson [40].

2.3.1 Calcul du déplacement de la structure

2.3.1.1 Discrétisation par éléments finis

Dans cette section, on décrit les développements nécessaires pour exprimer la matrice de rigidité et la matrice de masse pour un élément Q4 axisymétrique solide. L'élément Q4 et l'élément de référence associé sont représentés sur la figure 2.9.

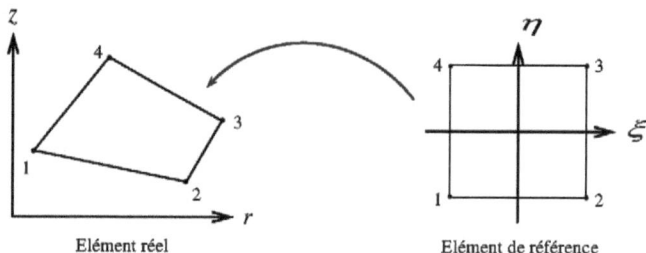

Figure 2.9 Elément Q4 axisymétrique

Pour un élément isoparamétrique, les coordonnées (r, z) et les déplacements (u_r, u_z) sont interpolés de la même façon :

$$\begin{Bmatrix} r(\xi,\eta) \\ z(\xi,\eta) \end{Bmatrix} = \begin{Bmatrix} r_1 N_1 + r_2 N_2 + r_3 N_3 + r_4 N_4 \\ z_1 N_1 + z_2 N_2 + z_3 N_3 + z_4 N_4 \end{Bmatrix} \quad (2.38)$$

avec les fonctions d'interpolation données par :

$$N_1(\xi,\eta)=\frac{1}{4}(1-\xi)(1-\eta) \quad N_2(\xi,\eta)=\frac{1}{4}(1+\xi)(1-\eta)$$
$$N_3(\xi,\eta)=\frac{1}{4}(1+\xi)(1+\eta) \quad N_4(\xi,\eta)=\frac{1}{4}(1-\xi)(1+\eta)$$
(2.39)

Le passage de l'élément réel à l'élément de référence s'obtient par la matrice jacobienne :

$$\begin{Bmatrix}\dfrac{\partial}{\partial \xi}\\ \dfrac{\partial}{\partial \eta}\end{Bmatrix}=[J]\begin{Bmatrix}\dfrac{\partial}{\partial r}\\ \dfrac{\partial}{\partial z}\end{Bmatrix}=\begin{bmatrix}\dfrac{\partial r}{\partial \xi} & \dfrac{\partial z}{\partial \xi}\\ \dfrac{\partial r}{\partial \eta} & \dfrac{\partial z}{\partial \eta}\end{bmatrix}\begin{Bmatrix}\dfrac{\partial}{\partial r}\\ \dfrac{\partial}{\partial z}\end{Bmatrix}$$
(2.40)

Le déplacement u ainsi que la fonction de pondération ψ sont interpolés comme ci-dessous :

$$\begin{Bmatrix}u_r\\ u_z\end{Bmatrix}=[N]\{u_n\}=\begin{bmatrix}N_1 & 0 & N_2 & 0 & N_3 & 0 & N_4 & 0\\ 0 & N_1 & 0 & N_2 & 0 & N_3 & 0 & N_4\end{bmatrix}\{u_n\}$$
(2.41)

avec

$$\langle u_n\rangle=\langle u_{r1}\ u_{z1}\ u_{r2}\ u_{z2}\ u_{r3}\ u_{z3}\ u_{r4}\ u_{z4}\rangle$$

où $[N]$ et $\{u_n\}$ désignent respectivement la matrice ligne des fonctions d'interpolation et le vecteur du déplacement nodal.

L'expression du tenseur de déformation en coordonnées cylindriques est donnée par :

$$\{\varepsilon\}=[B]\{u_n\}$$
(2.42)

Le tenseur de déformation se développe sous la forme :

$$\langle \varepsilon_{rr}\ \varepsilon_{zz}\ \varepsilon_{\theta\theta}\ \gamma_{rz}\rangle=\left\langle \frac{\partial u_r}{\partial r}\ \frac{\partial u_z}{\partial z}\ \frac{u_r}{r}\ \frac{\partial u_r}{\partial z}+\frac{\partial u_z}{\partial r}\right\rangle$$
(2.43)

L'opérateur de déformation $[B]$ est donnée par :

$$[B] = \begin{bmatrix} \dfrac{\partial N_1}{\partial r} & 0 & \dfrac{\partial N_2}{\partial r} & 0 & \dfrac{\partial N_3}{\partial r} & 0 & \dfrac{\partial N_4}{\partial r} & 0 \\ 0 & \dfrac{\partial N_1}{\partial z} & 0 & \dfrac{\partial N_2}{\partial z} & 0 & \dfrac{\partial N_3}{\partial z} & 0 & \dfrac{\partial N_4}{\partial z} \\ \dfrac{N_1}{r} & 0 & \dfrac{N_2}{r} & 0 & \dfrac{N_3}{r} & 0 & \dfrac{N_4}{r} & 0 \\ \dfrac{\partial N_1}{\partial z} & \dfrac{\partial N_1}{\partial r} & \dfrac{\partial N_2}{\partial z} & \dfrac{\partial N_2}{\partial r} & \dfrac{\partial N_3}{\partial z} & \dfrac{\partial N_3}{\partial r} & \dfrac{\partial N_4}{\partial z} & \dfrac{\partial N_4}{\partial r} \end{bmatrix} \quad (2.44)$$

La forme intégrale faible (1.20), décrite dans la section 1.3.1, est discrétisée finalement de la manière suivante :

$$W_{ine}^e = \langle \psi_n \rangle [M]^e \{\ddot{u}_n\} \quad avec \quad [M]^e = \iint_{\Omega_s} \rho_s [N]^T [N] \det[J] r d\xi d\eta \quad (2.45a)$$

$$W_{int}^e = \langle \psi_n \rangle [K]^e \{u_n\} \quad avec \quad [K]^e = \iint_{\Omega_s} [B]^T [H][B] \det[J] r d\xi d\eta \quad (2.45b)$$

$$W_{ext}^e = \langle \psi_n \rangle \{F_{ext}\}^e \quad avec \quad \{F_{ext}\}^e = \int_{\Gamma_s} [N]^T \{f_{ext}\} \det[J] r d\xi d\eta \quad (2.45c)$$

$$W_p^e = \langle \psi_n \rangle \{F_p\}^e \quad avec \quad \{F_p\}^e = \int_{\Gamma_s} [N]^T \{-p \cdot n_i\} \det[J] r d\xi d\eta \quad (2.45d)$$

où la matrice $[H]$ décrit la loi de comportement (loi de Hooke) :

$$[H] = \dfrac{E}{(1-2\nu)(1+\nu)} \begin{bmatrix} 1-\nu & \nu & \nu & 0 \\ \nu & 1-\nu & \nu & 0 \\ \nu & \nu & 1-\nu & 0 \\ 0 & 0 & 0 & \dfrac{1-2\nu}{2} \end{bmatrix} \quad (2.46)$$

Les intégrales dans l'équation (2.45) sont calculées par intégration numérique avec un schéma de Gauss de 2×2 points [44]. Dans notre cas, le seul effort surfacique à considérer est celui de la pression du fluide appliqué sur tout le pourtour de la structure. A l'issue de la phase d'assemblage (voir section 2.2.1.3), le problème de dynamique de la structure peut s'écrire comme un système d'équations algébriques sous la forme matricielle :

$$[M]\{\ddot{u}\} + [K]\{u\} = \{F_p\} \quad (2.47)$$

[M] et [K] désignent respectivement les matrices globales de masse et de rigidité de la structure, $\{F_p\}$ est le vecteur de sollicitation correspondant aux charges en pression, $\{\ddot{u}\}$ et $\{u\}$ étant les vecteurs d'accélération et de déplacement de la structure.

2.3.1.2 Résolution temporelle

Dans le contexte d'interaction fluide-structure, on suppose que l'équation gouvernant le problème (2.47) est satisfaite en fin de pas. On écrit :

$$[M]\{\ddot{u}\}^{n+1} + [K]\{u\}^{n+1} = \{F_p\}^n \tag{2.48}$$

Les indices n et $n+1$ correspondent respectivement aux instants t et $t+\Delta t$. Il faut souligner que le vecteur de sollicitation $\{F_p\}$ qui résulte de l'intégration de la pression du fluide, est ici calculé à l'instant t mais pas à l'instant $t+\Delta t$ en raison de la nature décalée du schéma de couplage partitionné.

Selon l'algorithme de Newmark, on procède aux approximations de u^{n+1} et $\dot{u}^{n+1}$ à l'aide d'un développement de série de Taylor tronqué pour ce problème du second ordre [40] :

$$u^{n+1} = u^n + \Delta t \dot{u}^n + \frac{\Delta t^2}{2}\left((1-b)\ddot{u}^n + b\ddot{u}^{n+1}\right) \tag{2.49a}$$

$$\dot{u}^{n+1} = \dot{u}^n + \Delta t\left((1-a)\ddot{u}^n + a\ddot{u}^{n+1}\right) \tag{2.49b}$$

Avec $a, b \in [0, 1]$ deux paramètres qui permettent de modifier la nature du schéma numérique (ordre, explicite/implicite...). On obtient donc l'expression de $\ddot{u}^{n+1}$ par la relation (2.49a) :

$$\ddot{u}^{n+1} = \frac{2}{b\Delta t^2}\Delta u - \frac{2}{b\Delta t}\dot{u}^n - \frac{1-b}{b}\ddot{u}^n \tag{2.50}$$

Avec :

$$\Delta u = u^{n+1} - u^n$$

On injecte ensuite la relation (2.50) dans l'équation (2.48) dont on peut facilement déduire la variable Δu à partir de la relation suivante :

$$\left(\frac{2}{b\Delta t^2}[M]+[K]\right)\{\Delta u\} = \frac{1-b}{b}[M]\{\ddot{u}^n\} + \frac{2}{b\Delta t}[M]\{\dot{u}^n\} - [K]\{u^n\} + \{F_p^n\} \quad (2.51)$$

Après avoir déterminé Δu, on peut successivement mettre à jour le déplacement u^{n+1}, la vitesse $\dot{u}^{n+1}$ et l'accélération $\ddot{u}^{n+1}$ en respectant toutefois l'ordre suivant :

$$u^{n+1} = u^n + \Delta u$$

$$\ddot{u}^{n+1} = \frac{2}{b\Delta t^2}\Delta u - \frac{2}{b\Delta t}\dot{u}^n - \frac{1-b}{b}\ddot{u}^n \quad (2.52)$$

$$\dot{u}^{n+1} = \dot{u}^n + \Delta t\left((1-a)\ddot{u}^n + a\ddot{u}^{n+1}\right)$$

En résumé, l'algorithme de Newmark nécessite le choix des paramètres a et b (nous avons choisi $a = b = 0.5$) et demande d'exprimer $\ddot{u}^{n+1}$ en fonction des états précédents ($\dot{u}^n$, $\ddot{u}^n$) et de l'incrément de déplacement $\Delta u = u^{n+1} - u^n$ à chaque pas de calcul ; une fois l'incrément de déplacement Δu déterminé, on peut mettre à jour les variables (u^{n+1}, $\dot{u}^{n+1}$, $\ddot{u}^{n+1}$).

2.3.2 Prise en compte de la sollicitation externe

Dans le contexte de la pompe à membrane ondulante, la membrane est sollicitée par un actionneur électromagnétique sur son contour périphérique. Cette sollicitation externe est considérée soit :

1) comme un déplacement sinusoïdal imposé sur le contour de la membrane

2) comme une force sinusoïdale imposée (plus une raideur de rappel) sur le contour de la membrane

2.3.2.1 Pilotage en déplacement

Dans le cas du premier choix, un déplacement sinusoïdal a été imposé au nœud situé sur le rayon externe de la membrane et suivant la direction verticale. L'évolution temporelle du déplacement imposé s'écrit comme suit :

$$\overline{u}(t) = A\sin(\omega t) \quad avec \quad \omega = 2\pi f \quad (2.53)$$

Pour des considérations liées à la nature dynamique du problème, on impose la vitesse au même nœud :

$$\overline{\dot{u}}(t) = A\omega \cos(\omega t) \quad (2.54)$$

Avec une amplitude $A = 2\ mm$ et une fréquence $f = 100\ Hz$, le signal de pilotage est présenté sur la figure 2.10 :

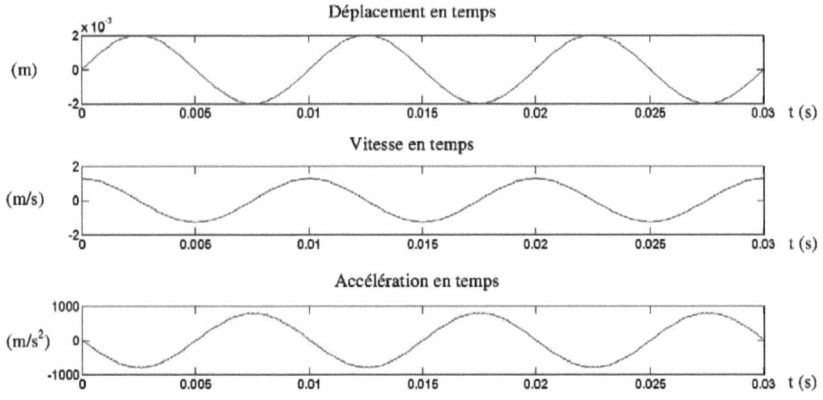

Figure 2.10 Pilotage en déplacement

On remarque que l'accélération *numérique* au nœud de pilotage retrouve exactement la dérivée mathématique de l'expression de la vitesse :

$$\overline{\ddot{u}}(t) = -A\omega^2 \sin(\omega t) \quad (2.55)$$

Le vecteur de réaction $\{R\}$ a été calculée par :

$$\{R\} = [M]\{\ddot{u}\} + [K]\{u\} - \{F\} \qquad (2.56)$$

On observe que les composantes de $\{R\}$ sont nulles à l'exception de celle liée au déplacement imposé, mais sa variation en temps n'est pas régulière (voir la figure 2.11).

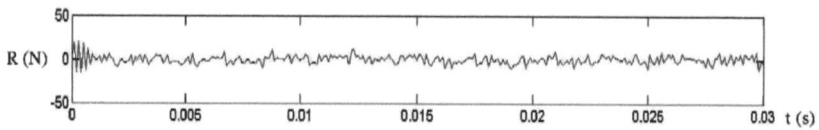

Figure 2.11 Réaction au nœud de pilotage

Cette réaction peut être interprétée comme l'effort extérieur qu'il faut appliquer à la membrane pour obtenir le même déplacement que celui précédemment imposé.

2.3.2.2 Pilotage en force

Dans le cas du deuxième choix, la membrane est pilotée en force au nœud situé sur le rayon externe et suivant la direction verticale. Il faut toutefois noter que ce pilotage ne peut pas être simulé simplement comme une force sinusoïdale imposée, ce dernier nécessite en effet d'être combiné à une raideur de rappel. En pratique, un actionneur électromagnétique fournit simultanément la force de pilotage et la force de rappel afin de maintenir un déplacement sinusoïdal centré. Numériquement, on utilise la force de rappel d'un ressort pour remplacer celle du champ électromagnétique. En conséquence, une force sinusoïdale (force de pilotage) ainsi qu'une raideur fictive k (force de rappel) sont imposées au nœud situé sur le rayon externe de la membrane.

L'évolution temporelle de la force sinusoïdale s'écrit :

$$\overline{f}(t) = \overline{F}\sin(\omega t) \qquad avec \qquad \omega = 2\pi f \qquad (2.57)$$

La figure 2.12 illustre le pilotage en force sans prendre en compte la force de rappel ($k = 0$ N/m) où l'on observe le déplacement au nœud de pilotage qui croit indéfiniment :

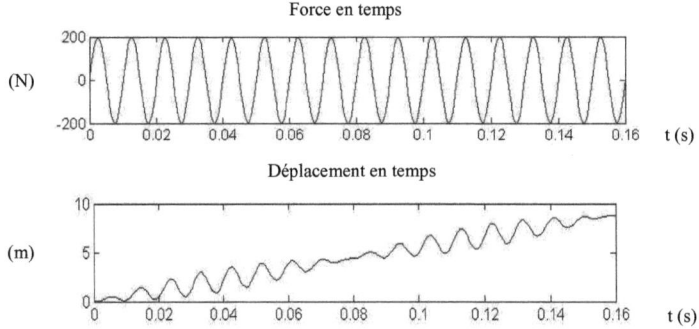

Figure 2.12 Pilotage en force sans raideur

La figure 2.13 illustre le pilotage en force en prenant l'amplitude de force $\bar{F} = 200N$ et la raideur $k = 10^5$ N/m. L'objectif est de piloter la membrane de la même façon qu'un déplacement sinusoïdal imposé d'amplitude 2 mm. Les valeurs de l'amplitude de force et de la raideur ont été choisies selon ce critère. La courbe rouge décrit le déplacement "objectif" et la courbe bleu présente le déplacement piloté par la force. Les deux courbes sont presque confondues.

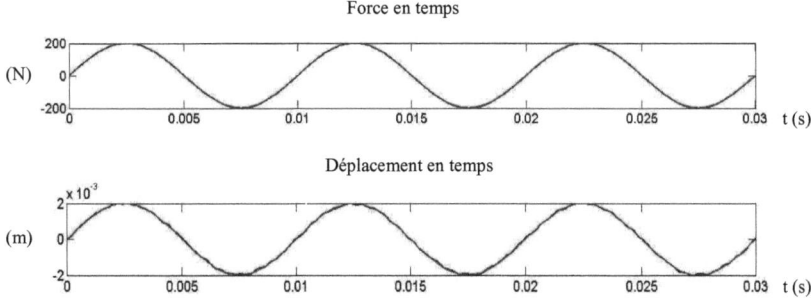

Figure 2.13 Pilotage en force avec raideur

Les deux types de pilotage (en déplacement et en force) fournissent deux options afin de prendre en compte la sollicitation de l'actionneur électromagnétique pour simuler le fonctionnement de la pompe à membrane ondulante.

2.4 Modèle de déformation du maillage

Dans ce sous-chapitre, nous détaillons la méthode retenue pour mettre à jour le maillage au cours du temps afin d'intégrer le mouvement de la structure dans le code du fluide et d'assurer la continuité cinématique à l'interface fluide-structure.

2.4.1 Différentes méthodologies de remaillage

Il existe plusieurs techniques de déformation du maillage parmi lesquelles on peut citer :

- Repositionnement du maillage en bloc [45]

Cette méthode consiste à déplacer le maillage fluide en accord avec le mouvement de la structure sans se déformer. Dans ce cas, chaque nœud du maillage de fluide est considéré lié de manière rigide à la structure et son mouvement nécessite l'application à tous les nœuds de maillage le même torseur cinématique de la structure. Cette technique, applicable uniquement pour l'étude d'un corps unique en milieu infini, n'est pas limitée en termes d'amplitude de mouvement.

- Remaillage par pondération analytique [45 - 47]

Cette technique consiste à pondérer le déplacement du maillage fluide par un coefficient de pondération k_p qui évolue suivant la proximité de la structure déplacée. Chaque nœud du maillage de fluide est associé à un coefficient k_p. Ce coefficient vaut 1 pour les nœuds sur l'interaction fluide-structure et 0 pour les nœuds des frontières externes du domaine. Pour les nœuds internes, les valeurs initiales du coefficient k_p sont obtenues au début du calcul par la résolution d'un Laplacien sur la configuration de référence. Par la suite, une interpolation pondérée par les distances redistribue le coefficient k_p pour les nœuds internes après chaque mouvement de la structure. Par conséquent, les nœuds du maillage fluide ont été repositionnés. Cependant, cette technique est peu utilisée dans le cas où la structure est déformable.

- Déformation du maillage par analogie aux ressorts [48 - 51]

Cette technique consiste à modéliser le maillage par une pseudo-structure quasi statique où chaque segment de maillage est assimilé à un ressort de traction-compression [48]. Elle a été améliorée grâce à l'ajout de ressorts de torsion [50] permettant d'accroître les capacités de la méthode et donc l'amplitude des déformations réalisables. La méthodologie des ressorts nécessite de respecter l'état d'équilibre en chacun des nœuds situés à l'intérieur du maillage. Ceci conduit à la construction du système d'équations ci-dessous dont la résolution permet d'obtenir le vecteur global de déplacement des nœuds $\{u_n\}$:

$$([K_{trac-com}]+[K_{tors}])\{u_n\}=\{0\} \tag{2.58}$$

avec $[K_{trac-com}]$ et $[K_{tors}]$ respectivement les matrices de raideur en traction-compression et en torsion.

Cette technique offre l'avantage de conserver la connectivité tout en fournissant un maillage de bonne qualité. En outre, étant lourde à programmer et coûteuse en temps de calcul, son application peut devenir pénalisante pour de lourds maillages.

- Déformation du maillage par analogie de pseudo-matériaux

Afin d'assurer une adéquation entre la position de la structure et les frontières du maillage de fluide, nous adoptons un modèle de déformation du maillage basé sur une approche de type pseudo-matériaux [41].

2.4.2 Analogie de type pseudo-matériaux

2.4.2.1 Principe

L'analogie pseudo matériaux consiste à assimiler le maillage fluide à une structure élastique déformable. La déformation du maillage est alors régie par les lois classiques de la mécanique complétée par un ensemble de conditions aux limites associé aux déplacements nodaux connus sur la frontière. Cela conduit à la résolution d'un système des équations de l'élasticité :

$$[K]\{u_n\} = \{F\} \tag{2.59}$$

avec :

[K]   la matrice de 'pseudo-rigidité'
$\{u_n\}$ le vecteur de déplacement nodal inconnu
$\{F\}$ le vecteur de sollicitation avec les valeurs de déplacement nodal connu sur la frontière

L'objectif étant seulement de déplacer les nœuds internes, aucune donnée en contrainte (σ) ou déformation (ε) n'est retenue à l'issue du calcul. Cette approche n'est donc en aucun cas limitée par l'hypothèse des petites perturbations et elle supporte donc les grands déplacements. Enfin, une approche 2D plane de la déformation du maillage reste tout à fait possible, même pour les cas de calculs d'IFS basés sur une approche 2D-axi, puisque seule la déformation géométrique nous intéresse ici.

2.4.2.2 Mise en œuvre numérique

On précise ici les différentes étapes pour construire le système algébrique (2.59). Dans le domaine de la mécanique des milieux continus, l'équation d'équilibre statique de la pseudo-structure s'écrit :

$$\vec{\nabla}\sigma + \vec{f} = \vec{0} \tag{2.60}$$

avec :

σ Le tenseur des contraintes
$\vec{f}$ Le vecteur des sollicitations volumiques

Le vecteur des sollicitations volumiques est nul dans notre cas de la déformation du maillage :

$$\vec{f} = \vec{0}$$

On transforme ensuite l'équation d'équilibre statique (2.60) sous la forme intégrale par la fonction de pondération ψ cinématiquement admissible :

$$W = \int_\Omega \vec{\psi} \cdot \vec{\nabla}\sigma \cdot d\Omega = 0 \quad \forall \vec{\psi} \tag{2.61}$$

L'intégration par parties sur le terme de W conduit à la forme intégrale faible, qui fait apparaître les termes de contour :

$$W = \int_\Omega \vec{\nabla}\psi \cdot \sigma \cdot d\Omega - \oint_\Gamma \vec{\psi} \cdot \sigma \cdot n \cdot d\Gamma = 0 \tag{2.62}$$

Comme l'objectif est seulement de déplacer les nœuds internes en fonction des conditions aux limites de type Dirichlet qui correspondent aux déplacements connus sur les frontières, on peut discrétiser le domaine uniquement par les éléments triangulaires à 3 nœuds. C'est-à-dire que l'on ne s'intéresse qu'à l'intégrale de surface présente dans l'équation (2.62), aucun élément de contour à traiter. Cela conduit à :

$$W = \sum_e W_{T3}^e + W_{Dir} = 0 \tag{2.63}$$

où :

$$W_{T3}^e = \iint_{A^e} \vec{\nabla}\psi \cdot \vec{\sigma} \cdot dxdy \tag{2.64}$$

Les contraintes sont données par la loi de comportement :

$$\{\sigma\} = [H]\{\varepsilon\} \tag{2.65}$$

avec [H] la matrice des propriétés des matériaux :

$$[H] = \begin{bmatrix} H_1 & H_2 & 0 \\ H_2 & H_1 & 0 \\ 0 & 0 & G \end{bmatrix}$$

avec :

$$H_1 = \frac{E(1-a\nu)}{(1+\nu)(1-\nu-a\nu)} \quad H_2 = \frac{\nu H_1}{1-a\nu} \quad G = \frac{E}{2(1+\nu)}$$

où E est le module de Young du pseudo matériau et ν est le coefficient de Poisson. On a a égal à 0 ou 1, respectivement pour les hypothèses des contraintes planes et des déformations planes. L'objectif est simplement de repositionner les nœuds internes du domaine fluide à l'aide des conditions aux limites de type Dirichlet, la résolution des déplacements est ici indépendante du matériau choisi.

En conséquence, la forme élémentaire W_{T3}^e s'écrit :

$$W_{T3}^e = \iint_{A^e} \langle \nabla \psi \rangle [H] \{\varepsilon\} dxdy \qquad (2.66)$$

Le tenseur des déformations $\{\varepsilon\}$ est lié aux déplacements par :

$$\varepsilon_{xx} = \frac{\partial u}{\partial x} \quad \varepsilon_{yy} = \frac{\partial v}{\partial y} \quad \gamma_{xy} = \frac{\partial u}{\partial y} + \frac{\partial v}{\partial x} \qquad (2.67)$$

$u(x, y)$ et $v(x, y)$ s'écrivent en fonction des fonctions d'approximations linéaires données par l'équation (2.6) et des composantes des déplacements nodaux de l'élément :

$$u(x,y) = N_1(x,y)u_1 + N_2(x,y)u_2 + N_3(x,y)u_3$$
$$v(x,y) = N_1(x,y)v_1 + N_2(x,y)v_2 + N_3(x,y)v_3 \qquad (2.68)$$

Cela nous permet de discrétiser le tenseur des déformations élémentaires et de l'exprimer sous la forme matricielle en fonctions de l'opérateur de déformation [B] et du vecteur des déplacements nodaux $\{u_n\}$:

$$\begin{Bmatrix} \varepsilon_{xx} \\ \varepsilon_{yy} \\ \gamma_{xy} \end{Bmatrix} = [B]\{u_n\} = \begin{bmatrix} \dfrac{\partial N_1}{\partial x} & 0 & \dfrac{\partial N_2}{\partial x} & 0 & \dfrac{\partial N_3}{\partial x} & 0 \\ 0 & \dfrac{\partial N_1}{\partial y} & 0 & \dfrac{\partial N_2}{\partial y} & 0 & \dfrac{\partial N_3}{\partial y} \\ \dfrac{\partial N_1}{\partial y} & \dfrac{\partial N_1}{\partial x} & \dfrac{\partial N_2}{\partial y} & \dfrac{\partial N_2}{\partial x} & \dfrac{\partial N_3}{\partial y} & \dfrac{\partial N_3}{\partial x} \end{bmatrix} \begin{Bmatrix} u_1 \\ v_1 \\ u_2 \\ v_2 \\ u_3 \\ v_3 \end{Bmatrix} \quad (2.69)$$

En discrétisant le gradient de la fonction-test ψ de la même façon, on peut alors introduire la forme matricielle élémentaire :

$$W_{T3}^e = \langle \psi_n \rangle [K^e]\{u_n\} \quad (2.70)$$

Avec la matrice de rigidité élémentaire :

$$[K^e] = A^e [B]^T [H][B] \quad (2.71)$$

Pour un élément triangulaire linéaire, [B] est donnée par :

$$[B] = \dfrac{1}{2A^e} \begin{bmatrix} y_{23} & 0 & y_{31} & 0 & y_{12} & 0 \\ 0 & x_{32} & 0 & x_{13} & 0 & x_{21} \\ x_{32} & y_{23} & x_{13} & y_{31} & x_{21} & y_{12} \end{bmatrix}$$

avec la notation $x_{ij} = x_i - x_j$, où x_i et y_i sont les coordonnées nodales.

La phase d'assemblage (voir section 2.2.1.3) conduit au système linéaire avec la matrice de rigidité globale [K]. Après la prise en compte des conditions aux limites de type Dirichlet (voir section 2.2.1.4), le vecteur de sollicitation global $\{F\}$ est défini par :

$$\{F\} = \begin{Bmatrix} 0 & \text{pour les nœuds internes} \\ U_{Dir} & \text{aux frontières du domaine} \end{Bmatrix} \qquad (2.72)$$

où U_{Dir} correspond aux valeurs des déplacements nodaux connus sur les frontières. Sur la frontière externe du domaine de fluide, U_{Dir} est nul car les parois externes sont fixes et imperméables ; sur l'interface fluide-structure, U_{Dir} est égal au déplacement de la structure.

Finalement, la résolution du système algébrique (2.59) : $[K]\{u_n\} = \{F\}$ nous fournit les déplacements des nœuds internes pour la mise à jour du maillage de fluide.

2.4.3 Exemples d'applications

Pour mieux comprendre le principe sur lequel le code de déformation du maillage fonctionne, nous présentons un exemple académique de déformation du maillage avec une géométrie simple comme première validation.

Exemple 2.2 Déformation du maillage dans un domaine rectangulaire

Considérons un domaine fluide avec deux frontières : la frontière externe en contact avec les parois fixes et imperméables ; la frontière interne en contact avec la structure déformable. On définit alors deux conditions aux limites, illustrées sur la figure 2.14 :

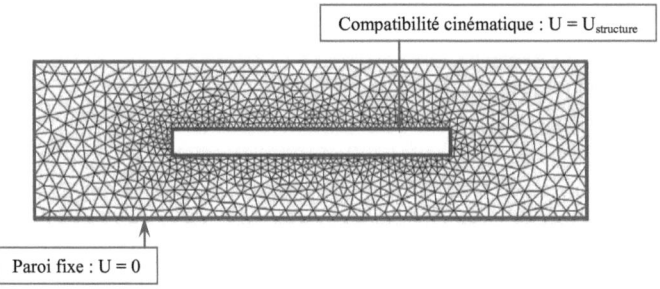

Figure 2.14 Conditions imposées au domaine de fluide

On génère une onde progressive de forme sinusoïdale se propageant le long de la structure. En pratique, on impose directement un déplacement vertical spécifique sur le maillage de structure, aucune résolution dynamique de la structure n'a été effectuée. On observe bien la déformation du maillage du domaine fluide au cours du temps en accord avec le déplacement de la structure telle qu'illustrée sur la figure 2.15 :

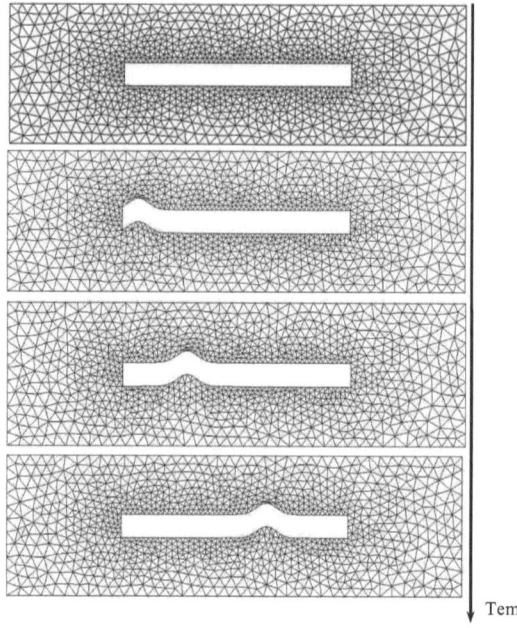

Figure 2.15 Déformation du maillage de fluide au cours du temps

Le résultat montre que le maillage de fluide a bien suivi le mouvement de la structure, la compatibilité cinématique entre les maillages de fluide et celui de la structure est bien assurée. Cela valide notre méthode de mise à jour du maillage.

Cette approche s'adapte bien à nos applications même pour une géométrie complexe, telle qu'illustrée sur la figure 2.16 :

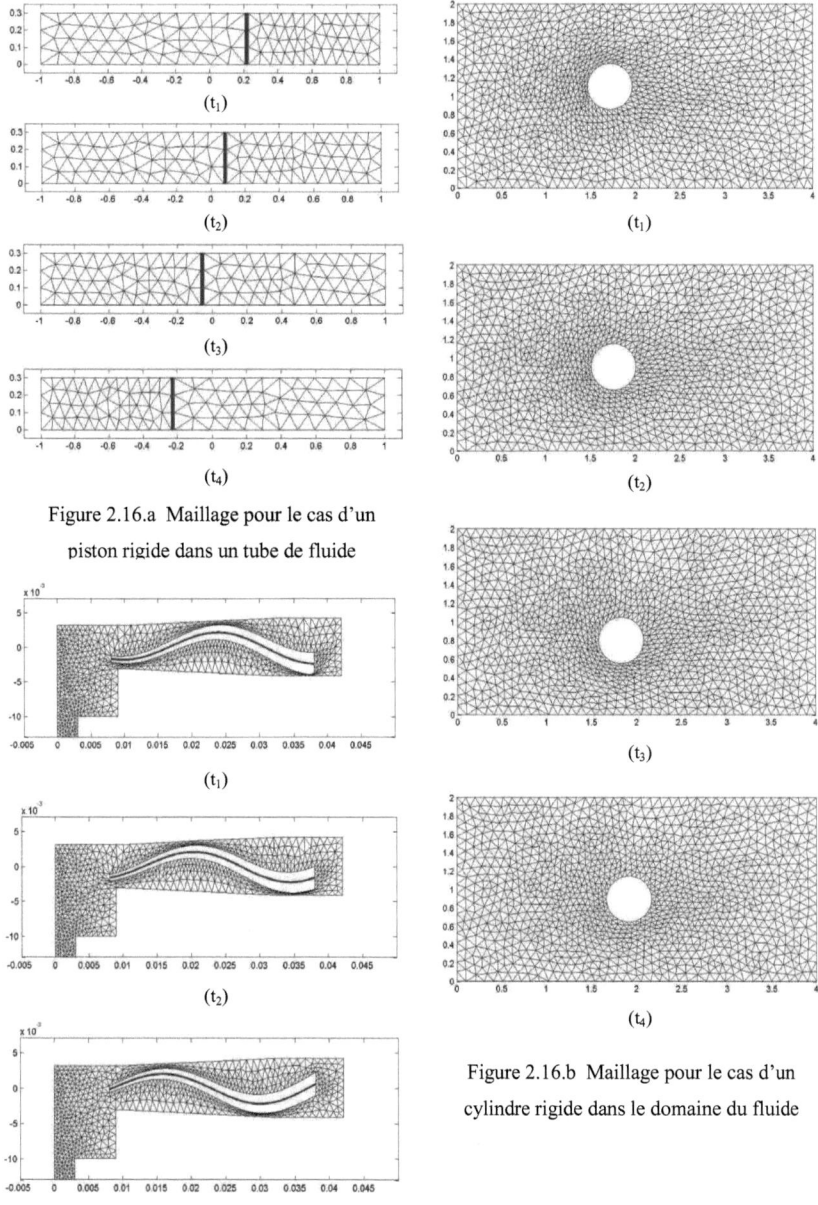

Figure 2.16.a Maillage pour le cas d'un piston rigide dans un tube de fluide

Figure 2.16.b Maillage pour le cas d'un cylindre rigide dans le domaine du fluide

Figure 2.16.c Maillage de la pompe à membrane

Chapitre 3
Extension de l'approche de couplage partitionnée aux fluides lourds

3.0 Introduction

L'objectif de ce chapitre est de mettre en évidence les limitations du schéma de couplage partitionné pris sous sa forme classique, en présence de fluides lourds. Il a en effet été observé que la convergence du schéma itératif présenté au chapitre 2, alors qu'elle était systématiquement observée pour un fluide léger (air), était compromise et non plus garantie en présence de fluides lourds. Ce n'est pas tant le rapport des masses volumiques qui est à l'origine de ce problème de divergence mais bien les rapports des masses du fluide et de la structure : réduire la taille du domaine fluide peut en effet avoir un effet bénéfique, alors qu'une augmentation de taille est néfaste. Une étude de convergence est ici proposée autour de l'exemple académique du piston mobile dans un cylindre 1D pour montrer la dépendance du critère de convergence au rapport de masses fluide/structure. L'analyse du critère de convergence permet aussi de mettre en évidence les influences notables sur la convergence du terme d'inertie (favorable) et du terme de sollicitations en pression (défavorable).

C'est sur la base de ce double constat qu'une version étendue du schéma de couplage partitionnée a été développée et validée au cours de cette thèse. Celui-ci s'appuie sur la nécessité de diminuer l'importance du terme de sollicitation (néfaste à la convergence) en renforçant le terme d'inertie (favorable à la convergence). L'approche proposée est basée sur la compensation des effets de masse ajoutée.

3.1 Exemple académique du piston

3.1.1 Problématique

Le problème classique d'interaction fluide-piston dans un cylindre est illustré sur la figure 3.1. Le cylindre de longueur totale L et de section A est rempli d'un fluide incompressible et non visqueux de masse volumique ρ_f. La pression aux deux extrémités ouvertes est prise égale à une pression de référence p_0. Un piton mobile de masse m et d'épaisseur e est attaché à un ressort horizontal de raideur k tel un système masse-ressort. La position d'équilibre du système masse-ressort est située au milieu du cylindre ($u = 0$ m). Les dimensions et les propriétés physiques sont résumées dans le tableau 3.1.

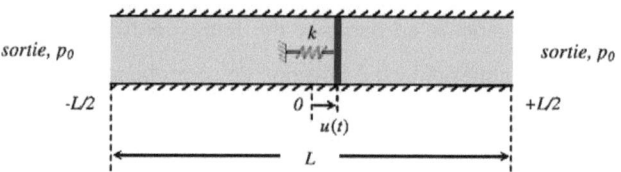

Figure 3.1 Piston mobile attaché à un ressort dans un cylindre rempli de fluide

L (m)	A (m²)	e (m)	m (kg)	k (N/m)	p_0 (Pa)	ρ_f (kg/m³)
2	0.03	0.02	3	10^4	0	10^3

Tableau 3.1 Dimensions et propriétés physiques au cas du piston 1D

3.1.1.1 Modèle mathématique et solution analytique

À l'instant initial, le déplacement et la vitesse du piston sont imposés à $u_0 = 0.2$ m et $\dot{u}_0 = 0$ m/s, le potentiel des vitesses initial ϕ_0 du fluide est imposé à zéro. Le piston immergé dans le fluide va donc osciller autour de sa position d'équilibre. Le déplacement du piston $u(t)$ est régi par le principe fondamental de la dynamique, qui s'écrit sous la forme projetée sur l'axe x :

$$m\frac{d^2u}{dt^2} + ku(t) = f_p(t) = A\left(p_g(t) - p_d(t)\right) \qquad (3.1)$$

Les pressions pariétales sur les faces situées respectivement à gauche et à droite du piston sont désignées par p_g et p_d. Elles peuvent être calculées exactement en utilisant la forme instationnaire du principe de Bernoulli appliqué entre le piston et les sorties, soient :

$$p_g(t) = p_0 - \rho_f\left(\frac{L-e}{2} + u(t)\right)\frac{d\dot{u}}{dt} \qquad p_d(t) = p_0 + \rho_f\left(\frac{L-e}{2} - u(t)\right)\frac{d\dot{u}}{dt} \qquad (3.2)$$

En injectant $p_g(t)$ et $p_d(t)$ dans l'équation (3.1), on obtient :

$$m\frac{d^2u}{dt^2} + ku(t) = -\rho_f A(L-e)\frac{d^2u}{dt^2} \qquad (3.3)$$

La force de pression exercée sur la structure met en évidence un terme de masse ajoutée pondéré par l'accélération. On en déduit l'équation suivante :

$$(m + m_{ajoutée})\ddot{u} + ku = 0 \quad avec \quad m_{ajoutée} = \rho_f A(L-e) \qquad (3.4)$$

Pour ce cas précis, la masse ajoutée est exactement égale à la masse de fluide contenu dans le cylindre. La solution analytique du déplacement du piston est alors donnée par :

$$u(t) = u_0 \cos(\omega_{couplée} t) \quad avec \quad \omega_{couplée} = \sqrt{\frac{k}{m + m_{ajoutée}}} \qquad (3.5)$$

L'amplitude du mouvement du piston est constante et est égale au déplacement initial u_0 traduisant qu'il n'y a pas d'effet dissipatif. On peut noter que la pulsation $\omega_{couplée}$, liée à l'effet de masse ajoutée, est différente de la pulsation naturelle.

3.1.1.2 Simulation numérique

Lorsqu'on utilise le schéma itératif standard présenté dans la section 2.1 pour analyser le problème d'interaction libre entre le système piston-ressort et le fluide, une divergence est observée quel que soit le pas de temps ou le nombre d'itérations considérées. L'évolution du déplacement $u(t)$ pour le rapport de masse fluide/structure ($m_r = 2.25$) est illustrée sur la figure 3.2 :

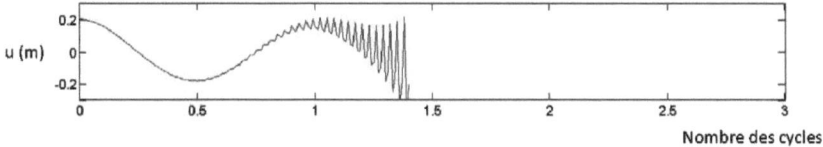

Figure 3.2 Déplacement du piston attaché à un ressort avec le schéma standard

Pour expliquer ce problème de convergence et y remédier, une analyse de la convergence est effectuée et une correction du schéma basée sur la compensation de la masse ajoutée est proposée dans la section suivante.

3.1.2 Analyse de la convergence du schéma standard

Nous proposons une analyse de la convergence du schéma partitionné itératif appliqué au problème d'interaction du piston dans un cylindre rempli de fluide (section 3.1.1). Dans ce cas particulier (1D), on précise le calcul numérique du terme de force lié à la pression du fluide afin de mettre en évidence l'influence des paramètres sur la convergence de l'algorithme itératif. L'enchaînement des calculs est rappelé sur la figure ci-dessous :

$$\boxed{m\ddot{u} = \sum F} \xrightarrow{u, \dot{u}} \boxed{\Delta\phi = 0}$$
$$\uparrow p \qquad \xleftarrow{\phi, v}$$
$$\boxed{\text{Bernoulli}}$$

Les potentiels de vitesse ϕ_g et ϕ_d dans les chambres situées respectivement à gauche et à droite du piston sont obtenus par une résolution exacte :

$$\phi_g^i(x) = \dot{u}^i\left(x + \frac{L}{2}\right) \quad \forall x \in \left[-\frac{L}{2}, u^i - \frac{e}{2}\right]$$
$$\phi_d^i(x) = \dot{u}^i\left(x - \frac{L}{2}\right) \quad \forall x \in \left[u^i + \frac{e}{2}, \frac{L}{2}\right]$$
(3.6)

On en déduit les pressions pariétales p_g et p_d sur les faces situées respectivement à gauche et à droite du piston à l'itération i :

$$p_g^i = cste + \rho_f \frac{(\dot{u}^i)^2}{2} - \rho_f \frac{\dot{u}^i\left(u^i + (L-e)/2\right) - \dot{u}^n\left(u^n + (L-e)/2\right)}{\Delta t}$$
$$p_d^i = cste + \rho_f \frac{(\dot{u}^i)^2}{2} - \rho_f \frac{\dot{u}^i\left(u^i - (L-e)/2\right) - \dot{u}^n\left(u^n - (L-e)/2\right)}{\Delta t}$$
(3.7)

Il faut noter qu'il s'agit des pressions calculées par le code qui sont différentes des solutions analytiques données par l'équation (3.2). En injectant les expressions des pressions pariétales (3.7) dans l'équation (3.1), l'équation de couplage numérique présente un décalage itératif entre les deux physiques et s'écrit :

$$m\ddot{u}^{i+1} + ku^{i+1} = f_p^i = A\left(p_g^i - p_d^i\right) = -m_f\left(\frac{\dot{u}^i - \dot{u}^n}{\Delta t}\right) \quad (3.8)$$

où m_f désigne la masse de fluide contenu dans le cylindre :

$$m_f = \rho_f A(L-e)$$

On rappelle les approximations de u^{i+1} et $\dot{u}^{i+1}$ à l'aide d'un développement de série de Taylor tronqué pour le schéma de Newmark-Wilson en choisissant $a = b = 0{,}5$:

$$u^{i+1} = u^i + \Delta t \dot{u}^i + \frac{\Delta t^2}{4}\left(\ddot{u}^i + \ddot{u}^{i+1}\right) \quad (3.9a)$$

$$\dot{u}^{i+1} = \dot{u}^i + \frac{\Delta t}{2}\left(\ddot{u}^i + \ddot{u}^{i+1}\right) \quad (3.9b)$$

On en déduit :

$$\dot{u}^i - \dot{u}^n = \frac{\Delta t}{2}\left(\ddot{u}^i + \ddot{u}^n\right) \quad (3.10)$$

La forme canonique de l'équation de couplage (3.8) s'écrit :

$$\ddot{u}^{i+1} + \omega_0^2 u^{i+1} = -m_r\left(\frac{\ddot{u}^i + \ddot{u}^n}{2}\right) \quad (3.11)$$

où ω_0 désigne la pulsation naturelle et m_r désigne le rapport de masse fluide/structure :

$$\omega_0^2 = \frac{k}{m} \quad m_r = \frac{\rho_f A(L-e)}{m} \quad (3.12)$$

La résolution de l'équation (3.11) avec un schéma implicite en temps de type Newmark conduit à la relation de récurrence suivante :

$$u^{i+1} = f\left(u^i\right) = Gu^i + (\ldots) \quad (3.13)$$

L'analyse de la convergence consiste à s'assurer que le coefficient d'amplification G vérifie :

$$0 \leq G \leq 1 \quad \text{(convergence sans oscillation)}$$

$$\text{ou } |G| \leq 1 \quad \text{(convergence avec oscillation)}$$

Pour le cas considéré, $\ddot{u}^i$ et $\ddot{u}^{i+1}$ s'expriment d'après l'équation (3.9) :

$$\ddot{u}^{i+1} = \frac{4}{\Delta t^2} u^{i+1} + (...), \quad \ddot{u}^i = \frac{4}{\Delta t^2} u^i + (...) \tag{3.14}$$

L'équation (3.11) s'écrit alors :

$$\left(\frac{4}{\Delta t^2} + \omega_0^2\right) u^{i+1} = \left(-\frac{2m_r}{\Delta t^2}\right) u^i + (...) \tag{3.15}$$

Il est possible d'introduire l'échantillonnage N de la période naturelle T, défini par :

$$N = \frac{T}{\Delta t} \quad avec \quad T = \frac{2\pi}{\omega_0} \quad d'où \quad \Delta t \omega_0 = \frac{2\pi}{N} \tag{3.16}$$

On obtient finalement :

$$u^{i+1} = G u^i + (...) \quad avec \quad G = -\frac{2m_r}{4 + \Delta t^2 \omega_0^2} = -\frac{m_r}{2 + 2\pi^2/N^2} \tag{3.17}$$

Le coefficient G est négatif, ce qui signifie qu'il existe un changement de signes entre deux itérations successives. La convergence alternée est cependant assurée pour :

$$|G| \leq 1 \iff m_r \leq 2 + \frac{2\pi^2}{N^2} \tag{3.18}$$

On remarque que la recherche de la précision diminue ce critère et à la limite ($N \to \infty$), il tend vers ($m_r \leq 2$).

Cette étude explique clairement que la convergence ne sera plus assurée si la masse du fluide mis en mouvement (via les effets de masse ajoutée) est trop importante par rapport à la masse de la structure. Pour un schéma itératif, le critère de convergence lié au rapport de masse fluide/structure m_r est donné par l'équation (3.18). Pour un schéma non itératif (un seul calcul par solveur à chaque pas de temps), la même analyse de la convergence est effectuée et la démarche est brièvement décrite dans ce qui suit :

L'équation de couplage avec un décalage entre les deux physiques s'écrit :

$$m\ddot{u}^{n+1} + ku^{n+1} = -m_f \ddot{u}^n \qquad (3.19)$$

En combinant les équations (3.9) et (3.19), on obtient :

$$\left(\frac{4}{\Delta t^2} + \omega_0^2\right) u^{n+1} = \left(-\frac{4m_r}{\Delta t^2}\right) u^n + (...) \qquad (3.20)$$

On en déduit :

$$u^{n+1} = Gu^n + (...) \quad avec \quad G = -\frac{m_r}{1 + \pi^2/N^2} \qquad (3.21)$$

La convergence du schéma non itératif est assurée pour :

$$|G| \leq 1 \quad \Leftrightarrow \quad m_r \leq 1 + \frac{\pi^2}{N^2} \qquad (3.22)$$

En comparant les deux critères de convergence respectivement dans les équations (3.18) et (3.22), on remarque que le processus itératif favorise la convergence. La restriction du rapport de masses fluide/structure devient moins sévère pour le schéma itératif (la valeur critique est multipliée par deux), mais le schéma est toujours conditionnellement stable. La convergence étant directement conditionnée par le rapport des masses, ceci explique pourquoi la réduction ou l'augmentation de la taille du domaine (L) agissent respectivement positivement et négativement en sa faveur.

3.1.3 Analyse de la stabilité

La convergence de la boucle itérative étudiée, on s'interroge désormais sur la stabilité en temps pour le schéma partitionné en supposant la convergence atteinte. Il s'agit de transformer l'équation de couplage (3.11) sous la forme suivante :

$$f\left(u^{n+1},u^{n},u^{n-1}\right)=\alpha u^{n+1}+\beta u^{n}+\gamma u^{n-1}=0 \qquad (3.23)$$

La solution en temps est stable si elle vérifie le critère de positivité suivant [42] :

$$\alpha \geq 0, \quad \beta \leq 0, \quad \gamma \geq 0 \qquad (3.24)$$

Puisqu'une convergence assurée permet d'écrire que u^{i+1} tend vers u^{n+1}, l'équation de couplage en temps s'écrit :

$$\ddot{u}^{n+1}+\omega_0^2 u^{n+1}=-m_r\left(\frac{\dot{u}^{n+1}-\dot{u}^n}{\Delta t}\right) \qquad (3.25)$$

soit :

$$\omega_0^2 u^{n+1}+\frac{m_r}{\Delta t}\dot{u}^{n+1}-\frac{m_r}{\Delta t}\dot{u}^n+\ddot{u}^{n+1}=0$$

Notre objectif est d'exprimer tous les termes des vitesses ($\dot{u}^{n+1},\dot{u}^n,\dot{u}^{n-1}$) et des accélérations ($\ddot{u}^{n+1},\ddot{u}^n,\ddot{u}^{n-1}$) en fonction des termes des déplacements (u^{n+1},u^n,u^{n-1}).

Afin de pouvoir fermer le système d'équations et avoir autant d'équations que d'inconnues, on combine l'équation de couplage (3.25) et les deux relations générales du schéma implicite de Newmark-Wilson (3.9) prises aux 3 instants $n+1$, n et $n-1$:

exemple : à l'instant n

$$\omega_0^2 u^n + \frac{m_r}{\Delta t}\dot{u}^n - \frac{m_r}{\Delta t}\dot{u}^{n-1}+\ddot{u}^n=0 \qquad (eq.\ couplage)$$

$$-\frac{4}{\Delta t^2}u^n+\frac{4}{\Delta t^2}u^{n-1}+\frac{4}{\Delta t}\dot{u}^{n-1}+\ddot{u}^n+\ddot{u}^{n-1}=0 \qquad (eq.\ N\text{-}W\ 1)$$

$$-\frac{2}{\Delta t}\dot{u}^n+\frac{2}{\Delta t}\dot{u}^{n-1}+\ddot{u}^n+\ddot{u}^{n-1}=0 \qquad (eq.\ N\text{-}W\ 2)$$

Un instant supplémentaire $n-2$ apparait pour les équations prises à l'instant $n-1$. Ceci est nécessaire du fait qu'il maque une équation si on prend uniquement les équations aux instants $n+1$ et n (5 équations pour 6 inconnues). Par conséquent, on aboutit à un système de 8 équations à 8 inconnues en plus de l'équation de départ (3.25). Pour des raisons de facilité de lecture, les coefficients de participation de tous les termes dans les 9 équations sont résumés dans le tableau 3.2.

Les 3 premières équations sont issues de l'équation de couplage aux 3 instants $n+1$, n et $n-1$. Les 3 suivantes et les 3 dernières sont issues respectivement de la première et de la seconde relation de Newmark-Wilson aux mêmes instants.

	u^{n+1}	u^n	u^{n-1}	u^{n-2}	$\dot{u}^{n+1}$	$\dot{u}^n$	$\dot{u}^{n-1}$	$\dot{u}^{n-2}$	$\ddot{u}^{n+1}$	$\ddot{u}^n$	$\ddot{u}^{n-1}$	$\ddot{u}^{n-2}$
$eq.0$	ω_0^2	0	0	0	$\dfrac{m_r}{\Delta t}$	$-\dfrac{m_r}{\Delta t}$	0	0	1	0	0	0
$eq.1$	0	ω_0^2	0	0	0	$\dfrac{m_r}{\Delta t}$	$-\dfrac{m_r}{\Delta t}$	0	0	1	0	0
$eq.2$	0	0	ω_0^2	0	0	0	$\dfrac{m_r}{\Delta t}$	$-\dfrac{m_r}{\Delta t}$	0	0	1	0
$eq.3$	$-\dfrac{4}{\Delta t^2}$	$\dfrac{4}{\Delta t^2}$	0	0	0	$\dfrac{4}{\Delta t}$	0	0	1	1	0	0
$eq.4$	0	$-\dfrac{4}{\Delta t^2}$	$\dfrac{4}{\Delta t^2}$	0	0	0	$\dfrac{4}{\Delta t}$	0	0	1	1	0
$eq.5$	0	0	$-\dfrac{4}{\Delta t^2}$	$\dfrac{4}{\Delta t^2}$	0	0	0	$\dfrac{4}{\Delta t}$	0	0	1	1
$eq.6$	0	0	0	0	$-\dfrac{2}{\Delta t}$	$\dfrac{2}{\Delta t}$	0	0	1	1	0	0
$eq.7$	0	0	0	0	0	$-\dfrac{2}{\Delta t}$	$\dfrac{2}{\Delta t}$	0	0	1	1	0
$eq.8$	0	0	0	0	0	0	$-\dfrac{2}{\Delta t}$	$\dfrac{2}{\Delta t}$	0	0	1	1

Tableau 3.2 Coefficients de participation

La première équation ($eq.0$) est l'équation de départ et la résolution du système est basée sur les coefficients de participation dans les 8 équations suivantes ($eq.1$-8). Les termes de déplacement (les 4 premières colonnes) constituent le second membre du système à résoudre, soit :

$$\begin{bmatrix} 0 & m_r/\Delta t & -m_r/\Delta t & 0 & 0 & 1 & 0 & 0 \\ 0 & 0 & m_r/\Delta t & -m_r/\Delta t & 0 & 0 & 1 & 0 \\ 0 & 4/\Delta t & 0 & 0 & 1 & 1 & 0 & 0 \\ 0 & 0 & 4/\Delta t & 0 & 0 & 1 & 1 & 0 \\ 0 & 0 & 0 & 4/\Delta t & 0 & 0 & 1 & 1 \\ -2/\Delta t & 2/\Delta t & 0 & 0 & 1 & 1 & 0 & 0 \\ 0 & -2/\Delta t & 2/\Delta t & 0 & 0 & 1 & 1 & 0 \\ 0 & 0 & -2/\Delta t & 2/\Delta t & 0 & 0 & 1 & 1 \end{bmatrix} \begin{Bmatrix} \dot{u}^{n+1} \\ \dot{u}^{n} \\ \dot{u}^{n-1} \\ \dot{u}^{n-2} \\ \ddot{u}^{n+1} \\ \ddot{u}^{n} \\ \ddot{u}^{n-1} \\ \ddot{u}^{n-2} \end{Bmatrix} = \begin{Bmatrix} -\omega_0^2 u^n \\ -\omega_0^2 u^{n-1} \\ 4/\Delta t^2 (u^{n+1}-u^n) \\ 4/\Delta t^2 (u^n - u^{n-1}) \\ 4/\Delta t^2 (u^{n-1}-u^{n-2}) \\ 0 \\ 0 \\ 0 \end{Bmatrix} \quad (3.26)$$

Grâce aux fonctionnalités du calcul symbolique de Matlab, on en déduit finalement l'équation de couplage en temps sous la forme générale :

$$\alpha u^{n+1} + \beta u^n + \gamma u^{n-1} + \delta u^{n-2} = 0 \quad (3.27)$$

avec :

$$\alpha = \frac{m_r}{2} + \frac{\omega_0^2 \Delta t^2}{4} + 1 > 0, \quad \beta = \frac{\omega_0^2 \Delta t^2}{2} - \frac{m_r}{2} - 2, \quad \gamma = \frac{\omega_0^2 \Delta t^2}{4} - \frac{m_r}{2} + 1, \quad \delta = \frac{m_r}{2} > 0$$

Un schéma à l'ordre 2 en temps ne fait intervenir que les valeurs aux l'instants n+1, n et n-1. En conséquence de quoi, δ n'est pas retenu pour l'analyse de la stabilité. Le critère de positivité est toujours :

$$\alpha \geq 0, \quad \beta \leq 0, \quad \gamma \geq 0$$

Puisque α est naturellement positive, la stabilité en temps est vérifiée pour :

$$\beta \leq 0 \quad \Leftrightarrow \quad m_r \geq \omega_0^2 \Delta t^2 - 4 = \frac{4\pi^2}{N^2} - 4 \quad (3.28a)$$

$$\gamma \geq 0 \quad \Leftrightarrow \quad m_r \leq \frac{\omega_0^2 \Delta t^2}{2} + 2 = \frac{2\pi^2}{N^2} + 2 \quad (3.28b)$$

Avec un échantillonnage $N > \pi$ (dans la plus part des cas), β est toujours négative et le critère de stabilité est ainsi donné par :

$$m_r \leq \frac{2\pi^2}{N^2} + 2 \qquad (3.29)$$

Nous sommes donc confrontés à un double critère de stabilité : l'un pour assurer la convergence de la boucle itérative, le second pour assurer la stabilité en temps. En choisissant $a = b = 0.5$ pour le schéma de Newmark-Wilson, on remarque que les deux critères respectivement dans les équations (3.18) et (3.29) sont identiques.

Dans un cas général ($a, b \in [0, 1]$), on montre que la convergence de la boucle itérative est assurée pour :

$$|G| \leq 1 \quad \Leftrightarrow \quad m_r \leq \frac{1}{a} + \frac{b}{a}\frac{2\pi^2}{N^2}, \qquad (3.30)$$

La stabilité en temps est assurée pour :

$$\beta \leq 0 \quad \Leftrightarrow \quad \begin{array}{ll} m_r \leq \dfrac{2}{1-3a} - \dfrac{1+2a-2b}{1-3a}\dfrac{2\pi^2}{N^2} & si \quad 0 \leq a < \dfrac{1}{3} \\ m_r \geq \dfrac{2}{1-3a} - \dfrac{1+2a-2b}{1-3a}\dfrac{2\pi^2}{N^2} & si \quad \dfrac{1}{3} < a \leq 1 \end{array} \qquad (3.31a)$$

$$\gamma \geq 0 \quad \Leftrightarrow \quad \begin{array}{ll} m_r \leq \dfrac{1}{2-3a} - \dfrac{1-2a+2b}{2-3a}\dfrac{2\pi^2}{N^2} & si \quad 0 \leq a < \dfrac{2}{3} \\ m_r \geq \dfrac{1}{2-3a} - \dfrac{1-2a+2b}{2-3a}\dfrac{2\pi^2}{N^2} & si \quad \dfrac{2}{3} < a \leq 1 \end{array} \qquad (3.31b)$$

La figure 3.3 illustre les valeurs possible de m_r en fonction des paramètres a et b (échelle *log* pour m_r). Un échantillonnage $N = 10$ a été retenu. Les courbes sont cependant peu sensibles à N.

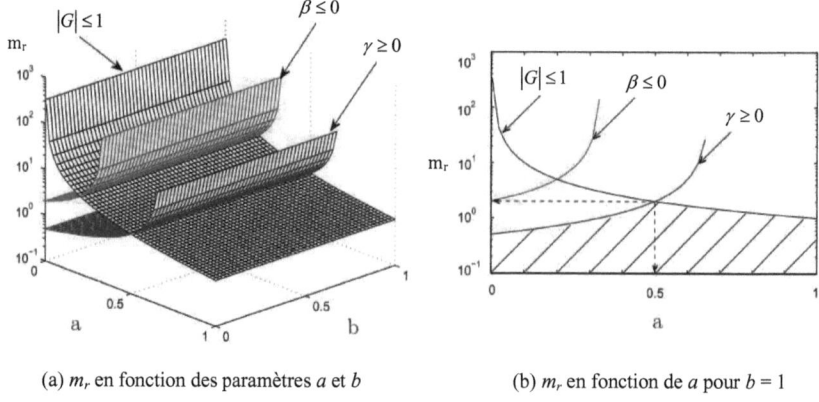

(a) m_r en fonction des paramètres a et b (b) m_r en fonction de a pour $b = 1$

Figure 3.3 Dépendances de stabilité et de convergence

La figure 3.3(a) montre que m_r est faiblement dépendante vis-à-vis de b du fait que la valeur de $2\pi^2/N^2$ est petite. On décide d'imposer $b = 1$ et d'afficher les courbes de m_r en fonction de a sur la figure 3.3(b). Le schéma sera donc convergent et stable si le choix du couple (m_r, a) appartient à la zone située sous les courbes (zone hachurée). Les meilleurs paramètres sont donnés pour ($a = 0.5$ et $m_r = 2.19$).

Cela signifie que l'interaction libre avec un fluide dont la masse est supérieure à 2.19 fois la masse du piston, conduit irrémédiablement à la divergence. Le schéma de couplage standard peut être considéré comme satisfaisant uniquement pour les fluides légers. La réduction du pas de temps (N augmente) ne contribue pas à améliorer le critère de convergence.

3.2 Correction du schéma itératif

3.2.1 Principe

Le schéma partitionné présenté au chapitre 2 est résumé par l'équation d'IFS sous la forme :

$$[M]\{\ddot{u}\}^{i+1} + [K]\{u\}^{i+1} = \{F_p\}^i \qquad (3.32)$$

Afin d'assurer la convergence de cette approche partitionnée itérative indépendamment du rapport de masse entre le fluide et la structure, nous proposons de modifier légèrement l'équation du schéma partitionné en introduisant une contribution de la masse ajoutée à l'itération courante ($i+1$) et précédente (i) respectivement à gauche et à droite de l'équation (3.32) pour aboutir à la forme suivante :

$$\left([M_{ajoutée}] + [M]\right)\{\ddot{u}\}^{i+1} + [K]\{u\}^{i+1} = \{F_p\}^i + [M_{ajoutée}]\{\ddot{u}\}^i \qquad (3.33)$$

Lorsqu'une structure mobile se trouve immergée dans un fluide incompressible et non visqueux initialement au repos, elle subit des forces de pression dont la résultante est proportionnelle à l'accélération de la structure dans le fluide. Le coefficient de proportionnalité est homogène à une masse, dite masse ajoutée [$M_{ajoutée}$].

C'est la définition même de la masse ajoutée qui est à l'origine de cette modification, à savoir :

$$\{F_p\} \equiv -[M_{ajoutée}]_{exacte}\{\ddot{u}\} \qquad (3.34)$$

La matrice de masse ajoutée exacte étant difficilement calculable, c'est néanmoins la présence du signe négatif (-) dans la précédente relation qui contribue à ce que la modification apportée de part et d'autre de l'égalité, contribue respectivement à diminuer l'importance néfaste du terme de sollicitation et à augmenter l'importance favorable du terme d'inertie.

La matrice de masse ajoutée est calculée de la manière suivante [27] :

1. Une analyse modale de la structure est effectuée afin d'estimer les modes propres correspondants aux fréquences propres les plus basses. Il a été montré que les modes de basses fréquences affectent plus les effets de masse ajoutée [18]. Non seulement le déplacement mais aussi l'accélération peut être décomposé sur cette base modale, tels que :

$$\{u\} = \sum_{i=1}^{N} u_i \{V_i\} \quad et \quad \{\ddot{u}\} = \sum_{i=1}^{N} \ddot{u}_i \{V_i\} \quad avec \quad |V_i| = 1 \quad (3.35)$$

2. Le champ de pression est alors projeté sur cette base modale. La composante modale de la pression (p_i) associée à chaque mode de déformation de la structure est déterminée par l'équation de Laplace dans le domaine du fluide Ω_f, complété par les conditions aux limites à l'interface fluide-structure Γ :

$$\{p\} = \sum_{i=1}^{N} \ddot{u}_i \{p_i\} \quad d'où \quad \Delta p_i|_{\Omega_f} = 0 \quad avec \quad \vec{\nabla} p_i \cdot \vec{n}|_\Gamma = \rho_f \vec{V}_i \cdot \vec{n} \quad (3.36)$$

3. La matrice de masse ajoutée est finalement calculée en combinant les intégrations des composantes modales de la pression sur l'interface fluide-structure :

$$m_{ajoutée}(i,j) = \oint_\Gamma p_j \vec{V}_i \cdot \vec{n} ds \quad avec \quad \left[m_{ajoutée} \right] = [X]^T \left[M_{ajoutée} \right][X] \quad (3.37)$$

[$m_{ajoutée}$] est la projection de la matrice de masse ajoutée [$M_{ajoutée}$] sur la base des vecteurs propres de la structure $[X] = [\{V_1\} \ldots \{V_N\}]$ qui est ensuite ramenée dans la base réelle pour calculer [$M_{ajoutée}$].

L'approche proposée améliore de manière significative la convergence du schéma partitionné car le terme de sollicitation est diminué et le terme d'inertie est renforcé. Lorsque la convergence est atteinte $\{\ddot{u}\}^{i+1} = \{\ddot{u}\}^i$, les termes de masse ajoutée de chaque côté de l'équation (3.33) s'annulent et l'équation originale d'IFS (3.32) est exactement vérifiée.

Une seconde interprétation de cette amélioration est donnée par la réécriture de l'équation (3.33) sous la forme suivante :

$$[M]\{\ddot{u}\}^{i+1} + [K]\{u\}^{i+1} = \{F_p\}^i - [M_{ajoutée}]\left(\{\ddot{u}\}^{i+1} - \{\ddot{u}\}^i\right) \qquad (3.38)$$

La compensation de la masse ajoutée équivaut à soustraire un terme supplémentaire liées à la différence d'accélération entre deux itérations successives à droit de l'équation originale (3.32). Puisque cette différence joue un rôle significatif pour les premières itérations et devient de moins en moins importante au cours du processus itératif, il nous permet d'introduire progressivement la charge de pression dans l'équation de structure. A convergence, la solution de l'équation originale (3.32) est retrouvée.

3.2.2 Validation sur le cas du piston

On reprend le problème classique d'un système piston-ressort qui oscille librement dans un cylindre du fluide (section 3.1.1). La modification du schéma itératif présentée dans la section précédente conduit à écrire (la masse ajoutée est un scalaire dans le cas 1D) :

$$\left(m_{ajoutée} + m\right)\ddot{u}^{i+1} + ku^{i+1} = f_p^i + m_{ajoutée}\ddot{u}^i \qquad (3.39)$$

Ce schéma avec prise en compte des effets de masse ajoutée simule correctement l'interaction. Les résultats sont présentés sur les figures 3.4(a) et 3.4(b) respectivement pour le déplacement du piston et les pressions pariétales sur ses deux faces. L'axe en temps est normalisé par la période couplée analytique, ce qui peut facilement être interprété comme un nombre de cycles d'oscillations.

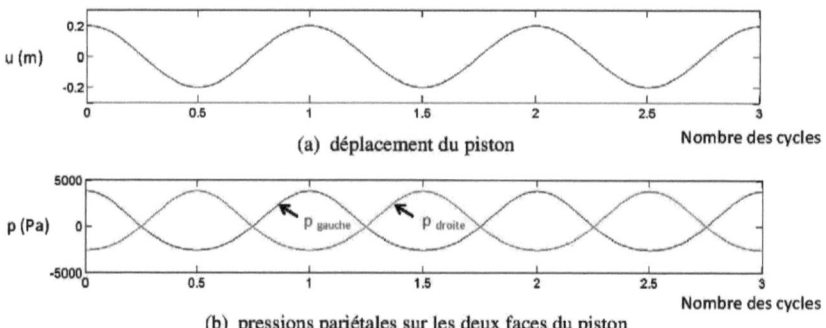

Figure 3.4 Déplacement et pressions pariétales du piston attaché à un ressort avec le schéma corrigé

On remarque que les prédictions obtenues à l'aide du schéma numérique sont confondues avec la solution analytique. L'amplitude du déplacement est conservée et la période couplée est prédite de manière exacte.

Une analyse de la convergence est refaite après la correction du schéma. On développe comme précédemment l'équation (3.39) sous la forme :

$$\left(m_{ajoutée} + m\right)\ddot{u}^{i+1} + ku^{i+1} = -m_f \left(\frac{\dot{u}^i - \dot{u}^n}{\Delta t}\right) + m_{ajoutée}\ddot{u}^i \qquad (3.40)$$

En combinant l'équation (3.40) et les deux relations générales du schéma implicite de Newmark-Wilson (3.9), on obtient :

$$\left(\frac{4\left(m + m_{ajoutée}\right) + k\Delta t^2}{\Delta t^2}\right)u^{i+1} = \left(\frac{4m_{ajoutée} - 2m_f}{\Delta t^2}\right)u^i + (\ldots) \qquad (3.41)$$

On en déduit :

$$G = \frac{4m_{ajoutée} - 2m_f}{4m + 4m_{ajoutée} + k\Delta t^2} \qquad (3.42)$$

Puisque la masse ajoutée est exactement égale à la masse de fluide dans le cylindre pour ce cas concret, on simplifie l'expression (3.42) :

$$G = \frac{2m_f}{4m + 4m_f + k\Delta t^2} \in [0,1] \qquad (3.43)$$

La convergence est bien assurée indépendamment du rapport de masse fluide/structure car le coefficient d'amplification G est toujours compris entre 0 et 1.

Ce cas de validation démontre clairement la nécessité et l'effet de la correction basée sur la compensation de masse ajoutée du schéma partitionné itératif pour la modélisation des problèmes d'IFS impliquant des fluides lourds.

Chapitre 4
Résultats Numériques

4.0 Introduction

Ce chapitre détaille les exemples de validation et d'application numérique des méthodes décrites aux chapitres 2 et 3. La validation est effectuée autour de deux cas tests académiques en 2D pour des mouvements de corps rigides. Ils sont décrits globalement comme suit :

- Un pison rigide en interaction avec un fluide lourd (eau) dans une chambre 2D ouverte à ses deux extrémités ;
- Un cylindre rigide en interaction avec un fluide lourd (eau) dans une chambre 2D fermée.

La méthode de couplage est ensuite appliquée au cas de la pompe AMS® axisymétrique. Une interaction libre entre la membrane flexible et un fluide lourd (eau) a été simulée correctement grâce à l'approche corrective basée sur l'estimation de la matrice de masse ajoutée sans prise en compte toutefois des effets de contact de la membrane à la paroi.

Enfin, un calcul couplé en régime forcé a été mené autour de la pompe à membrane AMS® pour mettre en évidence les paramètres influant son fonctionnement. Les résultats numériques sont détaillés successivement dans ce chapitre.

4.1 Cas test académique du piston rigide

Afin de démontrer la généralité de la méthode proposée dans le précédent chapitre, le problème classique d'un piston décrit à la section 3.1.1 a été étendu en 2D. On valide tout d'abord les résultats du calcul fluide en comparant les valeurs numériques obtenues aux solutions analytiques dans le cas d'un mouvement de piston en régime forcé. Un second test permet de valider l'effet de la correction basée sur la compensation de masse ajoutée au cas d'interaction libre entre un système piston-ressort et un fluide à forte densité (eau).

4.1.1 Couplage en régime forcé

Le problème classique d'un piston mobile dans une chambre de fluide 2D est illustré sur la figure 4.1. On impose un déplacement sinusoïdal $\bar{u}(t) = A_m \sin(\omega t)$ au piston pour calculer les variations du champ de pression respectivement à gauche et à droite.

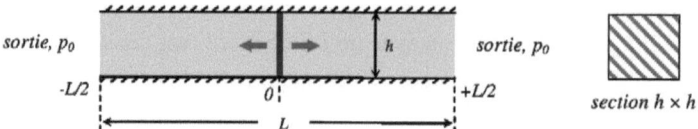

Figure 4.1 Piston mobile dans une chambre à section carrée

La chambre de longueur totale L est remplie d'un fluide incompressible et non visqueux de masse volumique ρ_f. Cette chambre ainsi que le piston mobile sont de section carrée de dimensions $h \times h$. La pression aux deux extrémités ouvertes est prise égale à une pression de référence p_0. L'épaisseur et la masse du piston sont notées respectivement e et m. Les dimensions et les propriétés physiques sont résumées dans le tableau 4.1.

L (m)	h (m)	e (m)	m (kg)	p_0 (Pa)	ρ_f (kg/m³)	A_m (m)	ω (rad/s)
2	0.3	0.02	9	0	10³	0.4	100

Tableau 4.1 Dimensions et propriétés physiques au cas du piston 2D

La condition initiale correspond à une position initiale du piston située au milieu de la chambre sans vitesse initiale ($u_0 = 0$ m et $\dot{u}_0 = 0$ m/s), le potentiel des vitesses initial ϕ_0 du fluide est initialisé à zéro. Ce cas classique est analysé à l'aide de la méthode présentée dans les chapitres 2 et 3 (une seule itération par pas de temps est suffisante en raison du déplacement imposé). Le maillage du domaine fluide retenu est composé de 296 nœuds, pour 588 éléments T3 et 96 éléments de frontière L2.

La figure 4.2 représente la déformation du maillage ainsi que la distribution du champ de vitesse et du champ de pression dans la chambre de fluide 2D pour un instant donné.

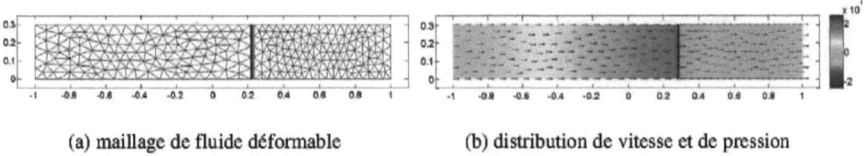

(a) maillage de fluide déformable   (b) distribution de vitesse et de pression

Figure 4.2 Résultats numériques au cas du piston 2D

Dans la section 3.1.1.1, il a été montré que les pressions pariétales p_g et p_d sur les faces situées respectivement à gauche et à droite du piston peuvent être calculées exactement :

$$p_g(t) = p_0 - \rho_f \left(\frac{L-e}{2} + u(t) \right) \frac{d\dot{u}}{dt} \qquad p_d(t) = p_0 + \rho_f \left(\frac{L-e}{2} - u(t) \right) \frac{d\dot{u}}{dt}$$

La figure 4.3 représente une comparaison entre les prédictions obtenues à l'aide de l'approche proposée, la solution analytique et les prédictions obtenues à l'aide du code commercial ADINA. On constate que les trois résultats sont très concordants indépendamment de la densité du fluide.

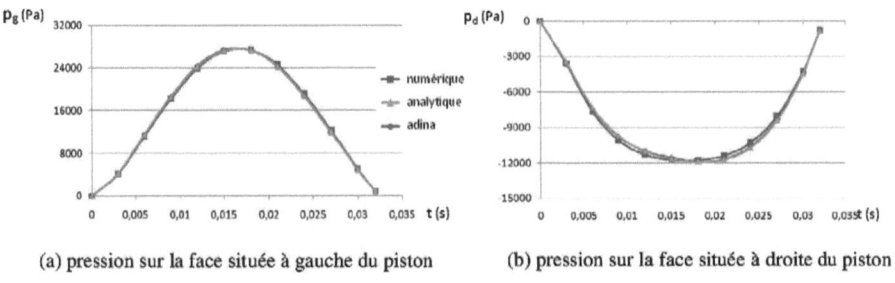

(a) pression sur la face située à gauche du piston   (b) pression sur la face située à droite du piston

Figure 4.3 Comparaison des pressions pariétales numériques et analytiques

4.1.2 Couplage en régime libre

Pour ce deuxième test, le piston est désormais fixé à un ressort horizontal de raideur $k = 10^4$ N/m (même cas test académique en 1D que celui décrit à la section 3.1.1). Sa position d'équilibre est située au milieu du cylindre ($u = 0\ m$). À l'instant initial, le déplacement et la vitesse du piston sont imposés à $u_0 = 0.2\ m$ et $\dot{u}_0 = 0\ m/s$, le potentiel des vitesses initial ϕ_0 du fluide est initialisé à zéro. Le piston va donc osciller autour de sa position d'équilibre. Pour ce cas simple, la solution analytique du déplacement de piston est donnée par (section 3.1.1.1) :

$$u(t) = u_0 \cos(\omega_{couplée} t) \quad avec \quad \omega_{couplée} = \sqrt{\frac{k}{m + m_{ajoutée}}}$$

La masse ajoutée est exactement égale à la masse de fluide contenue dans le cylindre. Les fréquences naturelle et couplée avec la prise en compte de la masse ajoutée (appelée aussi la fréquence hydrodynamique) sont calculées respectivement de la manière suivante :

$$f_0 = \frac{\omega_0}{2\pi} = \frac{1}{2\pi}\sqrt{\frac{k}{m}} \quad et \quad f_{couplée} = \frac{\omega_{couplée}}{2\pi} = \frac{1}{2\pi}\sqrt{\frac{k}{m + m_{ajoutée}}} = \frac{1}{2\pi}\sqrt{\frac{k}{m + m_f}} \quad (4.1)$$

Les applications numériques sont résumées dans le tableau 4.2 :

f_0 (Hz)	$f_{couplée}$ (Hz)	T_0 (s)	$T_{couplée}$ (s)
5.31	1.16	0.19	0.86

Tableau 4.2 Fréquences et périodes du système piston-ressort

Ce cas d'interaction libre a été analysé à l'aide du schéma itératif avec prise en compte des effets de masse ajoutée (chapitre 3). Les résultats sont présentés sur les figures 4.4(a) et 4.4(b) respectivement pour le déplacement du piston et les pressions pariétales sur ses deux faces. L'axe en temps est normalisé par la période couplée théorique pour permettre une lecture aisée du nombre de cycles d'oscillations.

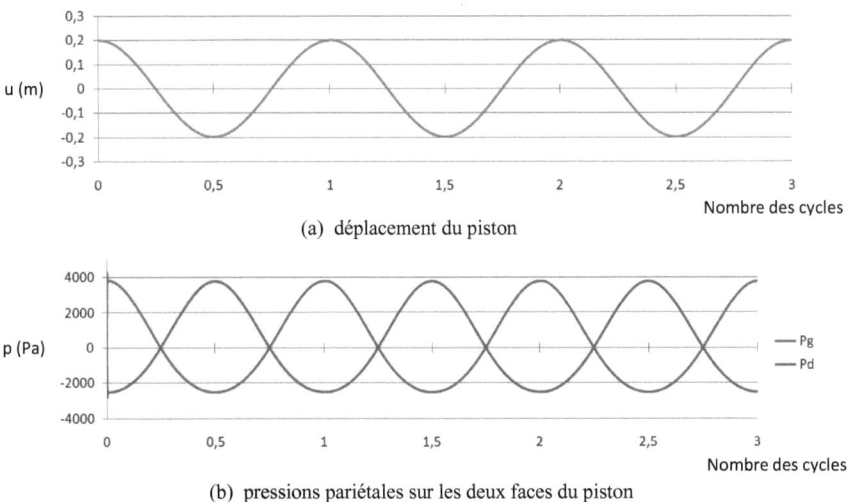

Figure 4.4 Déplacement et pressions pariétales du piston attaché à un ressort (2D)

On remarque que les résultats numériques sont conformes aux solutions analytiques : l'amplitude du déplacement est conservée et la période couplée numérique respecte la période couplée analytique. Ce résultat est absolument impossible à obtenir avec le schéma itératif standard : une divergence est observée quel que soit le pas de temps ou le nombre d'itérations (voir section 3.1.1.2). Ce cas de validation démontre clairement la nécessité et l'effet de la correction proposée dans cette thèse pour le schéma partitionné itératif au problème d'IFS avec les fluides lourds.

4.2 Oscillation d'un cylindre dans un fluide

Après la validation au cas du piston à un seul degré de liberté, on effectue un autre cas test académique à deux degrés de liberté.

On considère désormais un cylindre rigide de diamètre d et de masse m attaché à deux ressorts de raideurs k_1 et k_2, l'ensemble est relié à une chambre fermée qui contient un fluide incompressible et non visqueux de masse volumique ρ_f. La figure

4.5 illustre cet exemple, avec un maillage du domaine fluide composé de 1230 nœuds, pour 2314 éléments T3 et 146 éléments de frontière L2 :

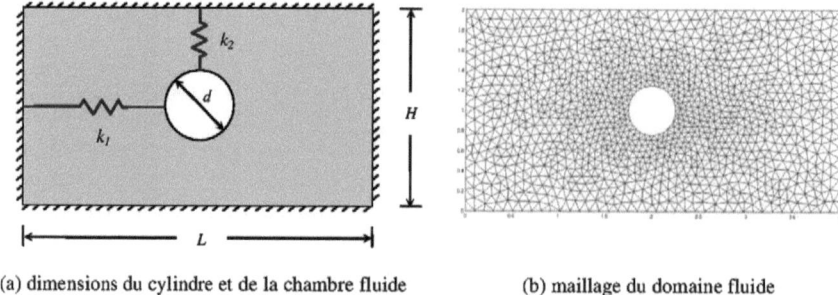

(a) dimensions du cylindre et de la chambre fluide   (b) maillage du domaine fluide

Figure 4.5 Cylindre rigide dans une chambre de fluide fermée

Les dimensions et les propriétés physiques sont résumées dans le tableau 4.3 :

L (m)	H (m)	d (m)	m (kg)	k_1 (N/m)	k_2 (N/m)	ρ_f (kg/m³)
4	2	0.5	10	10^4	10^5	10^3

Tableau 4.3 Dimensions et propriétés physiques au cas du cylindre

Les composantes horizontale et verticale du cylindre sont notées respectivement par u et v. La position d'équilibre du cylindre se situe au milieu de la chambre ($u = 0$, $v = 0$). Le déroulement du calcul est similaire à celui du piston : on écarte le cylindre de sa position d'équilibre et on laisse le système cylindre-ressorts en interaction libre avec le fluide. L'objectif est de vérifier si les fréquences hydrodynamiques extraites des simulations sont conformes aux solutions analytiques.

Les conditions initiales sont données par :

$$u_0 = -0.3(m) \quad v_0 = 0.2(m) \quad \dot{u}_0 = 0(m/s) \quad \dot{v}_0 = 0(m/s)$$

Le potentiel des vitesses ϕ et la pression p du fluide sont initialisés à zéro :

$$\phi(x, y, t = 0) = 0 \quad p(x, y, t = 0) = 0$$

La matrice de masse ajoutée a été estimée par la méthode décrit au chapitre 3, soit :

$$[M_{ajoutée}] = \begin{bmatrix} 211.47 & 0.066 \\ 0.066 & 201.36 \end{bmatrix} \quad [M] = \begin{bmatrix} m & 0 \\ 0 & m \end{bmatrix} = \begin{bmatrix} 10 & 0 \\ 0 & 10 \end{bmatrix} \quad [K] = \begin{bmatrix} k_1 & 0 \\ 0 & k_2 \end{bmatrix} = \begin{bmatrix} 10^4 & 0 \\ 0 & 10^5 \end{bmatrix}$$

La matrice de masse ajoutée est composée de deux termes dominants sur sa diagonale, liés respectivement aux 2 directions : les valeurs diffèrent en raison des dimensions de hauteur et de largeur différente (effets de proche paroi). Les termes extra-diagonaux, bien que de faibles amplitudes, ne sont pas nuls. Ils traduisent un couplage entre les modes. C'est en effet une des principales conséquences de la prise en compte des effets de masse ajoutée résultant de l'interaction avec un fluide lourd : le couplage des modes.

Les fréquences naturelles ainsi que les fréquences couplées du système cylindre-ressorts en prise en compte de la matrice ajoutée sont données dans le tableau 4.4 :

Mode	1	2
Fréquence naturelle f_0	5.03 Hz	15.92 Hz
Fréquence couplée $f_{couplée}$	1.07 Hz	3.46 Hz

Tableau 4.4 Fréquences naturelles et couplées du système cylindre-ressorts

Les champs de pression associés aux différents modes propres sont illustrés sur la figure 4.6 :

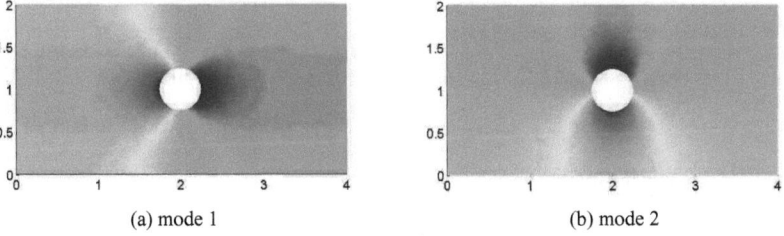

(a) mode 1   (b) mode 2

Figure 4.6 Champs de pression associés aux modes propres du système cylindre-ressorts

Le mode 1 est associé à un déplacement horizontal, le mode 2 à un déplacement vertical du cylindre. Ces champs étant associés à des composantes modales, les échelles ne sont pas ici représentées (caractéristique classique du mode propre déterminé à une constante près).

Ce cas de couplage libre a été analysé à l'aide de l'approche partitionnée itérative corrigée des effets de masse ajoutée. Le calcul est itéré jusqu'au respect d'un critère de convergence en accélération défini par l'écart normé mesuré sur l'accélération entre deux itérations :

$$\varepsilon = |\{\ddot{u}\}^{i+1} - \{\ddot{u}\}^{i}| < 1 \tag{4.2}$$

Le champ de vitesse et le champ de pression générés par le mouvement du cylindre sont illustrés sur la figure 4.7 pour un instant donné :

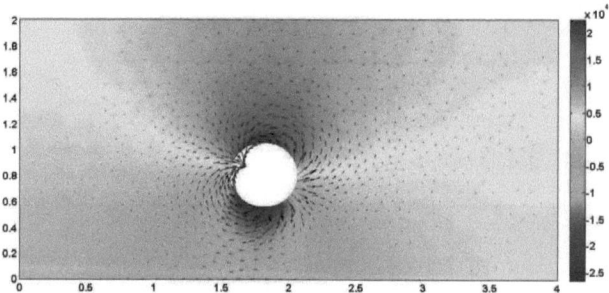

Figure 4.7 Champ de vitesse et champ de pression au cas du cylindre

Les courbes de la figure 4.8 représentent respectivement le déplacement horizontal $u(t)$ et le déplacement vertical $v(t)$ du cylindre en fonction du temps. L'axe en temps est normalisé par le nombre de cycles correspondant à la période couplée du mode vertical. Le pas de temps Δt est ici de $9.6 \times 10^{-3}s$ pour bénéficier d'un échantillonnage de la deuxième période couplée égal à 30.

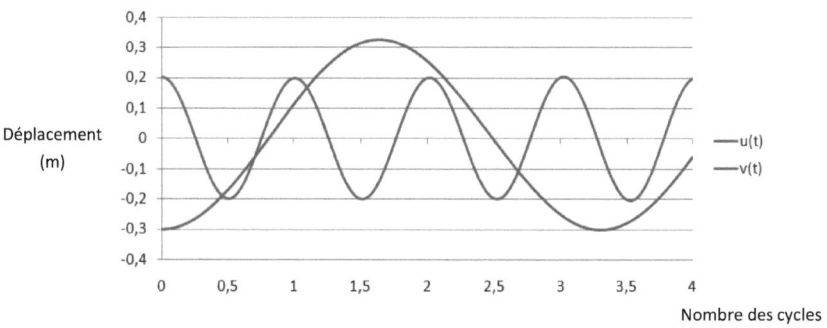

Figure 4.8 Déplacements horizontal et vertical du cylindre

Les résultats numériques sont conformes aux solutions analytiques : les amplitudes des déplacements initiaux sont conservées sans effet dissipatif et les périodes couplées sont bien retrouvées.

Les nombres d'itérations nécessaires pour atteindre le critère de convergence ($\varepsilon = |\{\ddot{u}\}^{i+1} - \{\ddot{u}\}^{i}| < 1$) sont illustrés au cours du couplage sur la figure 4.9.

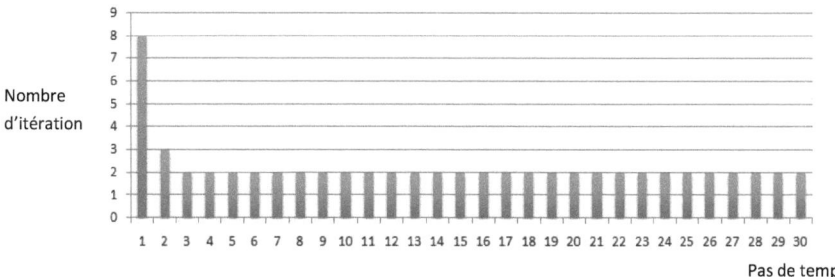

Figure 4.9 Nombres d'itération nécessaire pour la convergence

On observe que le schéma itératif corrigé nécessite seulement deux itérations pour assurer la convergence après les premiers incréments de démarrage. Huit itérations sont ici nécessaires à la convergence pour le premier pas de temps en raison de conditions initiales insuffisantes : celles-ci ne permettent pas en effet de correctement discrétiser le calcul de la dérivée en temps de la fonction potentiel apparaissant dans le calcul de la pression. Dans le cas présent, c'est une discrétisation à l'ordre 2 qui a été retenue. Au fur et à mesure de la progression du calcul, l'historique est alors suffisamment enrichi pour assurer une convergence en deux itérations.

Il a en effet été observé (non illustré ici) que le recours à un changement d'ordre de précision sur le calcul de la dérivée influe directement sur le nombre d'itérations nécessaires pour les 2-3 premiers pas de calcul.

4.3 Oscillation d'une membrane flexible

Pour cet exemple, le schéma corrigé est étendu aux cas d'IFS en régime libre entre une membrane flexible et un fluide de densité élevée (eau dans notre cas). L'objectif est ici de valider l'approche de la compensation des effets de masse ajoutée au cas d'IFS avec une structure flexible présentant un nombre important de degrés de liberté.

La configuration est similaire à celle de la pompe AMS®, seul le domaine fluide axisymétrique a été agrandi afin d'éviter le contact entre la membrane déformable et les parois rigides. La condition de contact n'a pas été intégrée dans le modèle sous Matlab au cours de cette thèse. Il est illustré sur la figure 4.10.

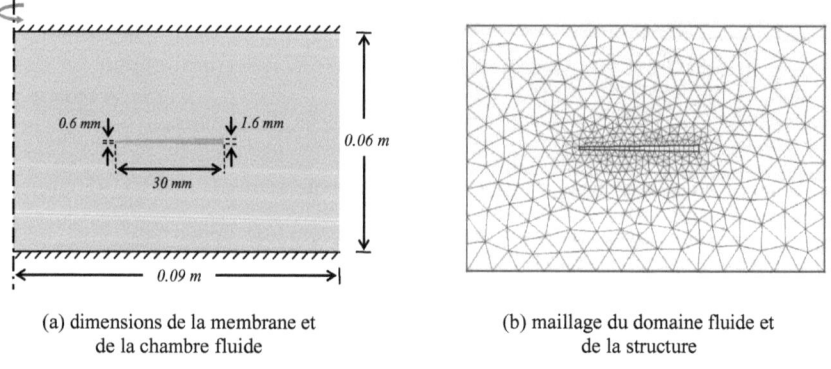

(a) dimensions de la membrane et
de la chambre fluide

(b) maillage du domaine fluide et
de la structure

Figure 4.10 Membrane flexible dans une chambre de fluide axisymétrique

Le maillage fluide est composé de 467 nœuds pour 838 éléments T3 et 96 éléments de frontière L2. La membrane d'épaisseur variable est constituée d'un maillage composé de 50 nœuds pour 24 éléments Q4. Les deux maillages sont conformes au niveau de leur interface commune. Les propriétés physiques sont résumées dans le tableau 4.5.

ρ_s (kg/m^3)	E (N/m^2)	v	ρ_f (kg/m^3)
10^3	1.1×10^7	0.3	10^3

Tableau 4.5 Propriétés physiques de la membrane et du fluide

4.3.1 Analyse modale

Une analyse modale a tout d'abord été effectuée en fixant les nœuds situés sur le rayon externe de la membrane. La compensation des effets de masse ajoutée est alors appliquée sur la base modale globale en tenant compte les 10 premiers modes de déformation, pour une approche similaire à la troncature modale [52]. Ce sont en effet les modes de basses fréquences qui affectent le plus les effets de masse ajoutée [18]. Les modes de déformation et les champs de pression associés sont illustrés sur la figure 4.11 :

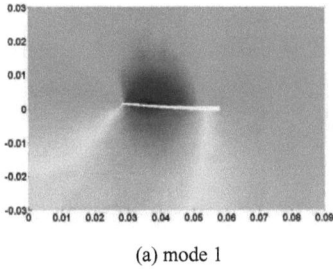
(a) mode 1

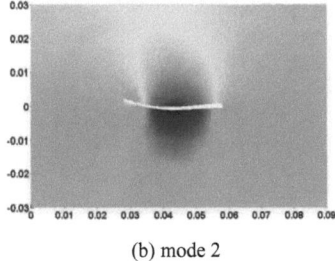
(b) mode 2

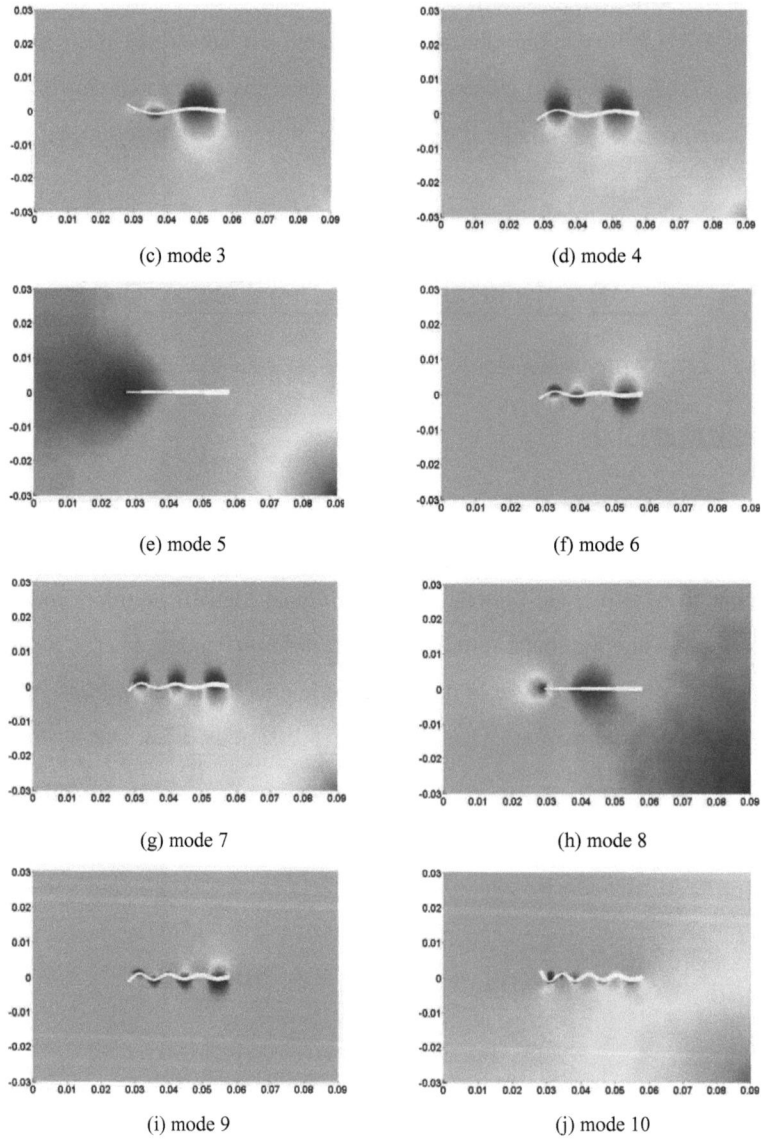

Figure 4.11 Champs de pressions associées aux modes de déformation de la membrane

On remarque que les modes 5 et 8 sont des modes de compression, les autres sont des modes de flexion. Les fréquences naturelles et les fréquences hydrodynamiques résultant de la prise en compte de la masse ajoutée sont résumées dans le tableau 4.6 :

Mode	1	2	3	4	5
Fréquence naturelle f_0	52.0 Hz	211.6 Hz	518.3 Hz	969.1 Hz	1245.7 Hz
Fréquence couplée $f_{couplée}$	10.7 Hz	63.4 Hz	192.0 Hz	414.8 Hz	744.9 Hz
Mode	6	7	8	9	10
Fréquence naturelle f_0	1560.4 Hz	2287.0 Hz	2903.0 Hz	3143.9 Hz	4126.6 Hz
Fréquence couplée $f_{couplée}$	1191.9 Hz	1497.4 Hz	1765.3 Hz	2472.1 Hz	2845.3 Hz

Tableau 4.6 Fréquences naturelles et couplées pour la membrane flexible

On remarque que les fréquences hydrodynamiques sont nettement plus faibles comparativement aux fréquences naturelles, surtout pour les modes de basses fréquences. Ces informations sont importantes pour le choix de la fréquence de sollicitation au cas concret de la pompe à membrane ondulante car ce sont bien les fréquences hydrodynamiques qui doivent être prises en compte. En effet, la fréquence de sollicitation optimale doit se situer entre le mode 2 et le mode 3 afin d'assurer un effet de cloisonnement (avec 2 ou 3 contacts rapprochés haut et bas de la membrane avec les flasques) : ce point sera discuté et mis en évidence à la fin de ce chapitre. Il a été mis en évidence que cet effet, combiné à l'effet de piston concentrique, était à l'origine de la génération du débit. Ce point est expliqué en détail dans la section 4.4 sur l'analyse des couplages en régime forcé.

4.3.2 Couplage avec un déplacement initial imposé

Par la suite, un déplacement de toute la structure associé au 1er mode hydrodynamique de la membrane déformable est imposé comme condition initiale (l'amplitude maximale est normalisée à $5 \times 10^{-3} m$), puis la membrane est *libérée* pour interagir librement avec le domaine fluide au cours du temps. Aucune sollicitation externe ou écoulement ne sont ici considérés. Ce cas de couplage libre est analysé à l'aide de l'approche d'IFS partitionnée modifiée (présentée aux chapitres 2 et 3) en choisissant 30 incréments de temps par période couplée (1er mode hydrodynamique) :

$$N = 30 \quad et \quad \Delta t = \frac{T_{couplée}}{N} = 3.1 \times 10^{-3} s \tag{4.3}$$

Le champ de pression, pour 3 instants donnés, est illustré sur la figure 4.12 :

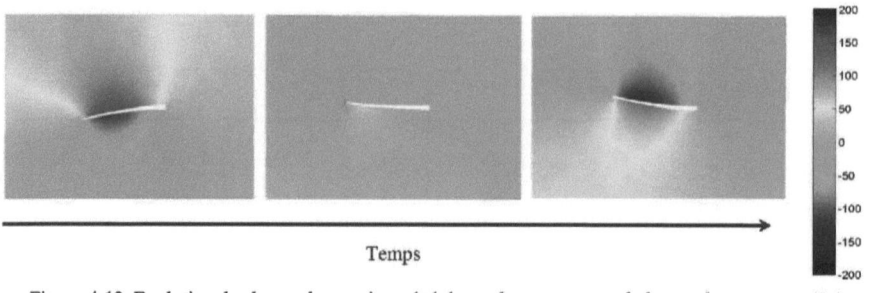

Figure 4.12 Evolution du champ de pression générée par le mouvement de la membrane (Pa)

L'évolution du champ de pression générée par le mouvement libre de la membrane est conforme à la forme générale associée au mode 1. La figure 4.13 représente l'évolution du déplacement, de la vitesse et de l'accélération au nœud situé sur le rayon interne de la membrane au cours du temps. L'axe en temps est normalisé par la période couplée analytique correspondant au premier mode de déformation hydrodynamique pour permettre une lecture aisée du nombre de cycles d'oscillations.

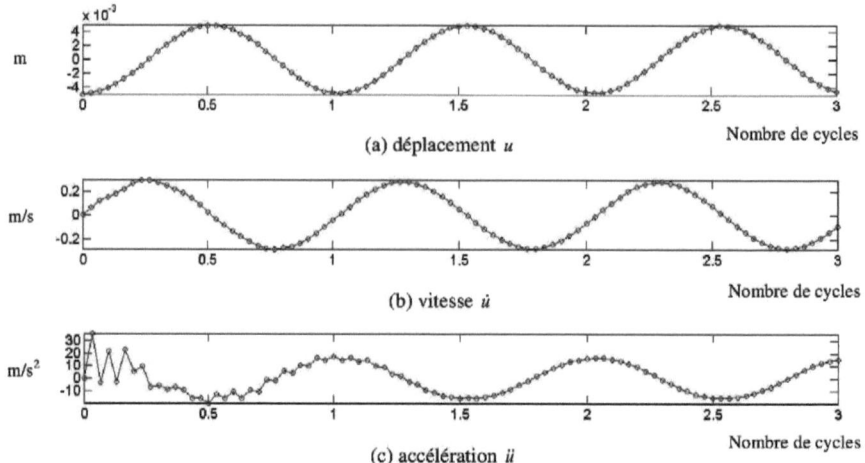

Figure 4.13 Evolution des états de la membrane ($N = 30$)

Les résultats montrent clairement que la période numérique respecte la période analytique et que l'amplitude du déplacement de la membrane est conservée traduisant l'absence d'effets dissipatifs numériques du schéma. Une oscillation numérique importante est observée sur l'accélération aux premiers incréments en raison d'un démarrage brusque lorsqu'on impose la condition initiale et d'un historique encore trop faible pour correctement calculer les dérivées en temps. Le calcul nécessite 4 ou 5 itérations en moyenne pour atteindre la convergence ($\varepsilon = |\{\ddot{u}\}^{i+1} - \{\ddot{u}\}^{i}| < 1$). La figure 4.14 illustre l'historique de la convergence pendant le calcul itératif en fixant 5 itérations par incrément de temps :

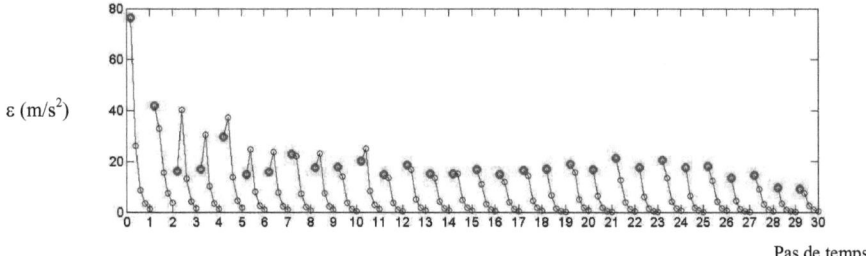

Figure 4.14 Historique de la convergence du schéma itératif (10 modes)

Les axes x et y représentent respectivement les numéros des incréments et l'écart de l'accélération entre deux itérations successives ($\varepsilon = |\{\ddot{u}\}^{i+1} - \{\ddot{u}\}^{i}|$). Pour chaque incrément, le petit cercle rouge indique l'écart ε initial relevé à la première itération et on observe qu'il diminue au cours des itérations. Puisqu'on impose brusquement une condition initiale sur la membrane, l'écart ε est important aux premiers incréments, mais il converge rapidement grâce à la compensation des effets de masse ajoutée et à l'enrichissement des conditions de calcul de la dérivée en temps de la fonction potentiel.

La matrice de masse ajoutée, exprimée dans la base modale étant une matrice pleine, cela se traduit par un effet de couplage entre tous les modes hydrodynamiques. Malgré une perturbation initiale sur le 1er mode, on observe en effet une réponse des modes supérieurs. Afin de mieux visualiser le couplage des modes, la matrice de masse ajoutée sur la base modale (10 premiers modes hydrodynamiques) est donnée ci-dessous :

$$[M_{ajoutée}] = 10^{-4} \times \begin{bmatrix} 20,82 & -7,99 & 0,47 & -3,21 & -0,05 & -0,13 & 1,58 & 0,02 & 0,00 & 0,91 \\ -7,99 & 13,79 & 2,80 & 0,76 & 0,04 & -1,75 & -0,38 & -0,01 & -1,00 & -0,26 \\ 0,47 & 2,80 & 7,77 & 1,20 & 0,02 & -0,17 & -1,03 & -0,01 & -0,08 & -0,65 \\ -3,21 & 0,76 & 1,20 & 5,69 & 0,02 & -0,58 & -0,24 & -0,01 & -0,68 & -0,12 \\ -0,05 & 0,04 & 0,02 & 0,02 & 0,10 & -0,01 & -0,01 & -0,05 & 0,00 & -0,01 \\ -0,13 & -1,75 & -0,17 & -0,58 & -0,01 & 4,08 & 0,30 & 0,00 & 0,12 & 0,46 \\ 1,58 & -0,38 & -1,03 & -0,24 & -0,01 & 0,30 & 3,18 & 0,00 & 0,16 & 0,12 \\ 0,02 & -0,01 & -0,01 & -0,01 & -0,05 & 0,00 & 0,00 & 0,06 & 0,00 & 0,00 \\ 0,00 & -1,00 & -0,08 & -0,68 & 0,00 & 0,12 & 0,16 & 0,00 & 2,45 & 0,08 \\ 0,91 & -0,26 & -0,65 & -0,12 & -0,01 & 0,46 & 0,12 & 0,00 & 0,08 & 1,95 \end{bmatrix}$$

Pour des raisons de facilité de lecture, la matrice est schématisée sur la figure 4.15 :

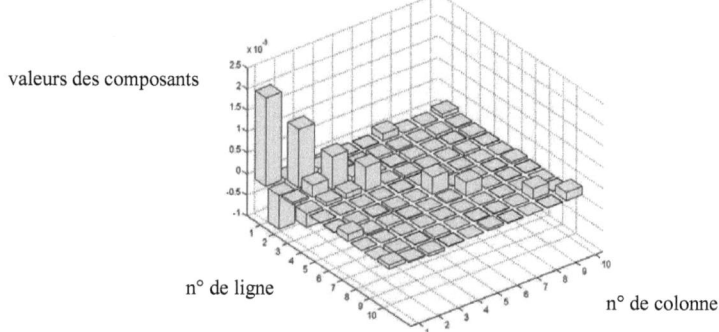

Figure 4.15 Schématisation de la matrice de masse ajoutée

On visualise clairement l'amplitude des composantes de la matrice de masse ajoutée. La matrice n'est pas diagonale, ce qui justifie l'existence de l'effet de couplage des modes. Cet effet est d'autant plus sensible lorsque le pas de temps est diminué. Un exemple est donné en choisissant 100 incréments de temps ($N = 100$, $\Delta t = 9.3 \times 10^{-4}$ s) par période couplée, l'évolution de la membrane au nœud situé sur le rayon interne est illustrée sur la figure 4.16 :

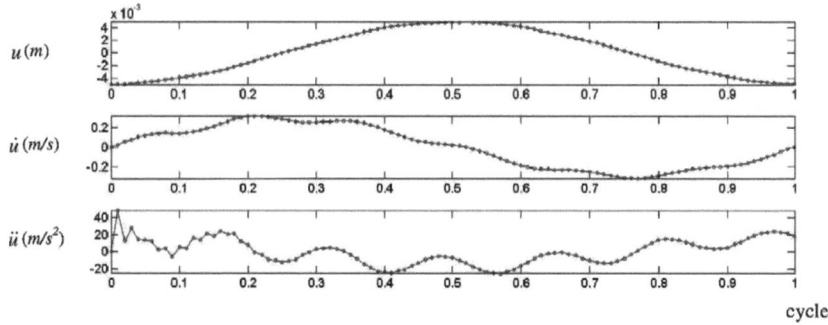

Figure 4.16 Evolution des états de la membrane ($N = 100$)

La comparaison avec la figure 4.13 met en avant cet effet de couplage et d'activation des modes supérieurs. On observe clairement que le comportement dynamique de la membrane est influencé par les autres modes actifs, cet effet est d'autant plus visible sur la variable d'accélération (courbe du bas). Ce résultat n'est pas surprenant. En effet, si nous exprimons l'équation d'IFS sur la base modale, alors nous pouvons visualiser que chaque mode actif est associé à une force de pression. Cette dernière doit être contrôlée par un terme modal de masse ajoutée. Théoriquement, il faut estimer la matrice de masse ajoutée sur la base modale globale avec prise en compte de tous les modes de déformation actifs. La troncature modale nous permet de simplifier le calcul mais la matrice de masse ajoutée ne peut être tronquée qu'à condition que les modes retenus, soient ceux qui « répondent ».

D'autre part, en comparant les figures 4.13 et 4.16, on remarque que les réponses des modes supérieurs impliquent une accélération plus élevée. L'amplitude de l'accélération est d'environ *15 m/s^2* pour un échantillonnage (nombres des incréments par période couplée) *N = 30* et celle pour *N = 100* est d'environ *20 m/s^2*. Par conséquent, le couplage des modes résultant de la prise en compte des effets de masse ajoutée, favorise la génération de la charge (la différence de pression totale entre l'entrée et la sortie de la pompe). Une analyse de la sensibilité de ce résultat aux nombre de modes activés a été conduite : le paramètre de contrôle est ici le pas de temps qui a été diminué.

On peut en effet exprimer les facteurs de participation modaux α_i calculés par :

$$\alpha_i = \langle V_i \rangle \{F\} \tag{4.4}$$

La figure 4.17 illustre les amplitudes des facteurs α_i pour les 10 premiers modes avec un échantillonnage N successivement égal à 10, 30 et 100 :

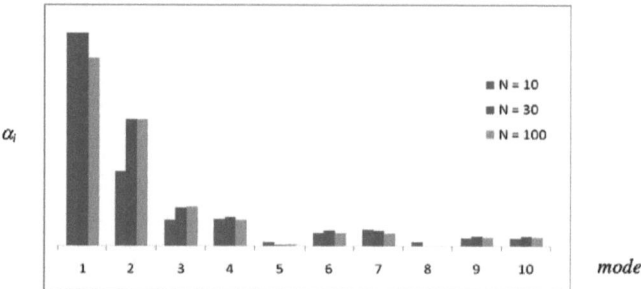

Figure 4.17 Facteurs de participation modaux

Cette figure témoigne de la réponse des 10 modes à l'exception faite des modes 5 et 8 (modes de compression). Ces modes réagissent à des degrés divers, avec une nette prédominance pour les modes les plus proches du mode initialement sollicité. On voit clairement que les facteurs de participation diminuent quand les fréquences associées augmentent, ce qui justifie notre choix de privilégier les modes de basses fréquences pour estimer la matrice de masse ajoutée. En particulier, les modes de compression (les modes 5 et 8) n'ont presque pas d'influence sur l'interaction fluide-structure.

Une analyse de la sensibilité au choix du nombre de modes pour estimer la matrice de masse ajoutée a pu être effectuée. Pour ce cas précis, l'estimation de la matrice de masse ajoutée avec la prise en compte des deux premiers modes est la limite observée pour assurer « a minima » la convergence en fixant l'échantillonnage N à 30. L'historique de la convergence correspondant à ce cas est illustré sur la figure 4.18 :

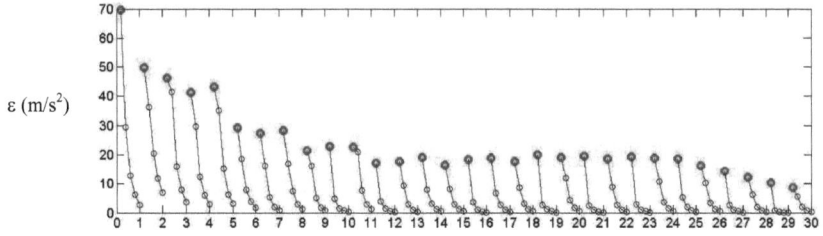

Figure 4.18 Historique de la convergence du schéma itératif (2 modes)

Le calcul ne converge pas si la masse ajoutée est un scalaire à savoir estimée avec la prise en compte d'un seul mode. Ce point est logique vue que les deux premiers modes portent des facteurs de participation plus importants par rapport aux autres (voir la figure 4.17). On a effectué également un calcul avec tous les modes de déformation (96 modes), mais les résultats n'ont pas été améliorés significativement par rapport le cas avec les 10 premiers modes.

Cette approche du calcul tronqué de la matrice de masse ajoutée peut revêtir une importance non négligeable pour des cas de structures associées à un nombre élevé de degré de liberté pour lesquelles le calcul d'une matrice complète peut rapidement devenir pénalisant. La règle à respecter est de considérer un nombre de modes compatibles avec ceux qui répondent. Leur nombre ne peut cependant pas être calculé mais estimé « *a posteriori* ».

4.3.3 Couplage avec une sollicitation externe

Pour cet exemple, la membrane flexible est désormais pilotée par une déplacement imposé sur les nœuds situés sur son rayon externe. Ce cas de calcul se rapproche de l'application de la pompe AMS® pour laquelle la membrane est mise en vibration à sa périphérie à l'aide d'un actionneur électromagnétique. Ce régime localement forcé consiste à imposer un déplacement sinusoïdal d'amplitude donnée :

$$\bar{u}(t) = A\sin(\omega t) \quad avec \quad A = 10^{-3} m \tag{4.5}$$

Deux fréquences de sollicitation ont été considérées :

$$f_1 = 10\ Hz,\quad f_2 = 100\ Hz$$

La première (f_1) est proche de la fréquence propre associée au 1er mode hydrodynamique et la seconde (f_2) est une fréquence proche de celle utilisée expérimentalement pour le fonctionnement optimal de la pompe (justifiée dans la section 4.4.2). Ce cas d'IFS est analysé à l'aide de l'approche partitionnée modifiée (présentée aux chapitres 2 et 3) en choisissant un pas de temps Δt de $10^{-3}\ s$. La matrice de masse ajoutée est estimée avec les 10 premiers modes de déformation.

Les champs de pression extraits à plusieurs instants donnés et l'évolution du déplacement vertical au nœud situé sur le rayon interne sont représentés respectivement sur les figures 4.19 et 4.20 pour la fréquence de sollicitation $f_1 = 10\ Hz$:

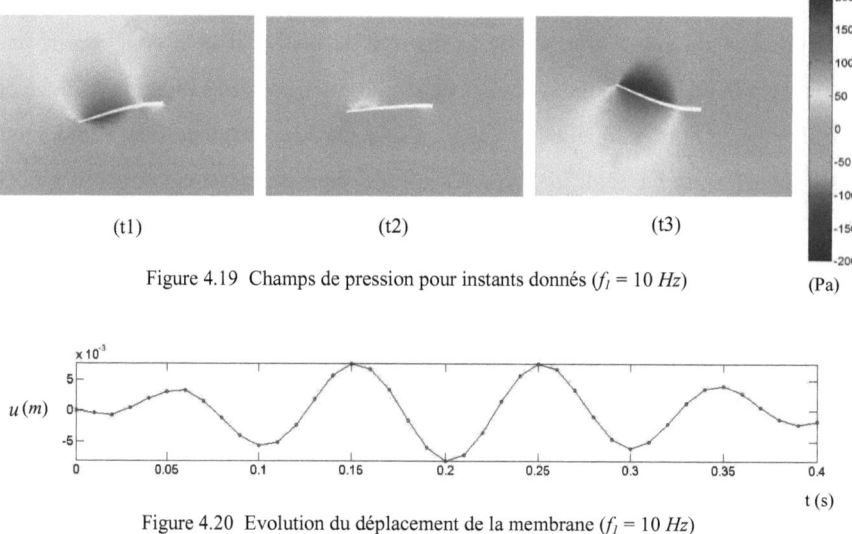

Figure 4.19 Champs de pression pour instants donnés ($f_1 = 10\ Hz$)

Figure 4.20 Evolution du déplacement de la membrane ($f_1 = 10\ Hz$)

Les champs de pression extraits à plusieurs instants donnés et l'évolution du déplacement vertical au nœud situé sur le rayon interne sont représentés respectivement sur les figures 4.21 et 4.22 pour la fréquence de sollicitation $f_1 = 100$ Hz :

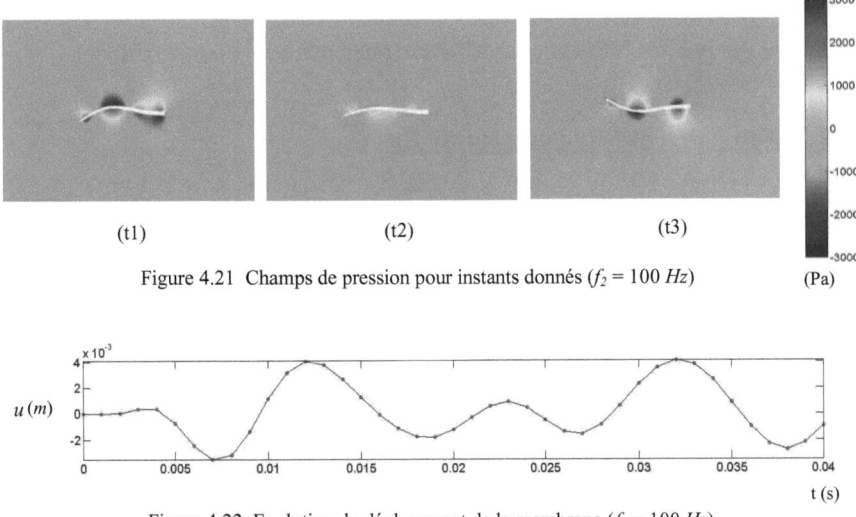

Figure 4.21 Champs de pression pour instants donnés ($f_2 = 100\ Hz$)

Figure 4.22 Evolution du déplacement de la membrane ($f_2 = 100\ Hz$)

En comparant les résultats obtenus avec les fréquences f_1 et f_2, on observe un rapport de 15 entre les amplitudes de pression exercée sur la membrane en imposant la même amplitude de sollicitation. L'augmentation de la fréquence de pilotage sur le contour externe influence directement l'accélération locale de la membrane. Ce point mérite donc d'être pris en considération pour transporter un fluide sensible (sang notamment pour conserver ses propriétés) afin d'éviter une dégradation de ses qualités intrinsèques.

Après les différentes analyses décrites dans cette section, la robustesse du schéma d'IFS partitionné avec le processus itératif corrigé basé sur la compensation de masse ajoutée a été bien démontrée au cas d'une membrane flexible couplée avec un fluide lourd. L'effet de couplage des modes hydrodynamiques a aussi pu être mis en évidence.

4.4 Analyse des couplages en régime forcé

Dans cette section, on décrit les modèles développés en régime forcé pour mettre en évidence les paramètres influant pour le fonctionnement de la pompe AMS®

4.4.1 Piston concentrique en régime forcé

Avant de présenter le modèle de la pompe AMS®, l'étude académique de l'interaction fluide-piston est étendue à une géométrie axisymétrique, illustrée sur la figure 4.23 :

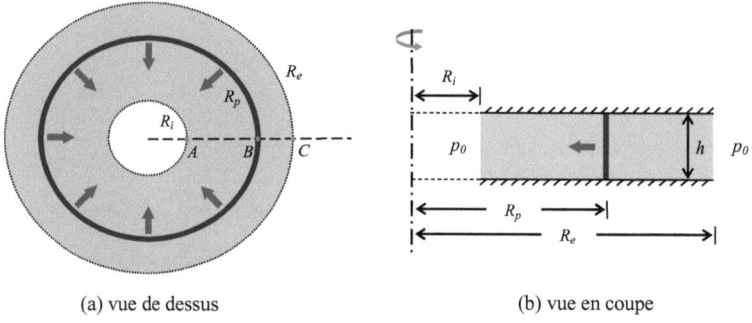

(a) vue de dessus   (b) vue en coupe

Figure 4.23 Piston concentrique dans une chambre de fluide axisymétrique

On considère qu'un piston circulaire est capable de générer un déplacement radial en diminuant ou en augmentant son diamètre dans une chambre de fluide cylindrique. La chambre de fluide est ouverte sur ses rayons interne et externe à la pression de référence p_0. Ses rayons externe et interne sont notés respectivement R_e et R_i, la hauteur est notée h. L'épaisseur du piston e est négligeable devant les autres dimensions. Les dimensions et les propriétés physiques sont résumées dans le tableau 4.7 :

R_i (m)	R_e (m)	h (m)	$R_p^{\,t=0}$ (m)	e (m)	v_p (m/s)	p_0 (Pa)	ρ_f (kg/m^3)
1	3	0.3	2	0.02	0.01	0	10^3

Tableau 4.7 Dimensions et propriétés physiques au cas du piston concentrique

Le résultat numérique illustré sur la figure 4.24 (a) montre que le déplacement radial du piston avec une vitesse constante v_p vers le centre permet de générer une surpression du fluide à l'intérieur du piston circulaire. Il est utile de noter que ce phénomène diffère du cas 2D décrit dans la section 4.1.1 : il y est en effet montré que seule une accélération permet de générer cette surpression. Sur la figure 4.24 (b), la même vitesse v_p est imposée sur le piston 2D et on observe bien que la pression reste égale à la pression de référence p_0.

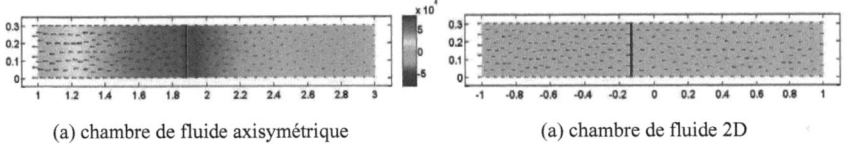

(a) chambre de fluide axisymétrique (a) chambre de fluide 2D

Figure 4.24 Comparaison de la distribution de vitesse et de pression

Ce résultat tend à montrer que la géométrie axisymétrique de part sa forme concentrique participe à l'augmentation de charge du fluide. Ce point peut être expliqué à l'aide d'un calcul analytique.

On considère que le piston se situe sur la position (point B) représentée sur la figure 4.22 et se déplace avec la vitesse constante v_p vers le centre. La forme instationnaire du principe de Bernoulli est appliquée entre la sortie interne (point A) de rayon R_i et le piston (point B) de rayon R_p, soit :

$$\int_{R_p}^{R_i} \frac{\partial v(r)}{\partial t} dr = \frac{p_B - p_A}{\rho_f} + \frac{v_B^2 - v_A^2}{2} \quad (4.6)$$

Du principe de conservation du débit volumique, on déduit la relation :

$$v(r) \cdot r = v_B \cdot R_p = v_A \cdot R_i \quad (4.7)$$

En remplaçant $v(r)$ par v_B, l'intégrale présente dans l'équation 4.6 s'écrit :

$$\int_{R_p}^{R_i} \frac{\partial v(r)}{\partial t} dr = \int_{R_p}^{R_i} \frac{\partial v_B}{\partial t} \frac{R_p}{r} dr = \frac{\partial v_B}{\partial t} R_p \ln\left(\frac{R_i}{R_p}\right) \quad (4.8)$$

Le terme v_A présent dans l'équation 4.6 est également remplacé par v_B afin de limiter les variables, soit :

$$\frac{v_B^2 - v_A^2}{2} = \frac{1}{2}\left(v_B^2 - \frac{v_B^2 \cdot R_p^2}{R_i^2}\right) = \frac{v_B^2}{2}\left(1 - \left(\frac{R_p}{R_i}\right)^2\right) \quad (4.9)$$

En conséquence, l'équation 4.6 peut s'écrire sous la forme suivante :

$$p_B = p_A + \frac{v_B^2}{2}\left(\left(\frac{R_p}{R_i}\right)^2 - 1\right) + \frac{\partial v_B}{\partial t} R_p \ln\left(\frac{R_i}{R_p}\right) \quad (4.10)$$

Puisque la pression en sortie est prise égale à la pression de référence ($p_A = p_0$) et que la vitesse du piston est constante ($\partial v_B/\partial t = 0$), on en déduit finalement la pression pariétale sur la face interne du piston :

$$p_B = p_0 + \frac{v_p^2}{2}\left(\left(\frac{R_p}{R_i}\right)^2 - 1\right) > p_0 \quad (4.11)$$

On peut aussi appliquer le principe de Bernoulli entre la sortie externe (point C) de rayon R_e et le piston (point B) de rayon R_p. Avec la même approche, la pression pariétale sur la face externe du piston est déterminée d'après :

$$p'_B = p_0 + \frac{v_p^2}{2}\left(\left(\frac{R_p}{R_e}\right)^2 - 1\right) < p_0 \quad (4.12)$$

En résumé, l'augmentation et la diminution de la pression du fluide sur les deux faces du piston sont bien justifiées par le calcul et montre clairement qu'elles sont directement dépendantes de la vitesse radiale et non pas de l'accélération. Cela montre que la géométrie axisymétrique est un choix optimal pour la conception de la pompe destinée à générer à la fois du débit et de la charge.

4.4.2 Pompe axisymétrique en régime forcé

On étudie ensuite la pompe en régime forcé afin de préciser l'influence des paramètres d'onde (l'amplitude, la célérité, la fréquence) sur l'efficacité de la pompe (débit, charge) et en particulier, l'influence du mode de déformation et notamment de l'effet de cloisonnement qu'il induit sur la génération de la charge et du débit.

Le maillage du domaine fluide retenu pour le cas de la pompe axisymétrique est ici composé de 971 nœuds pour 1524 élément T3 et 418 éléments de frontière L2, illustré sur la figure 4.25 :

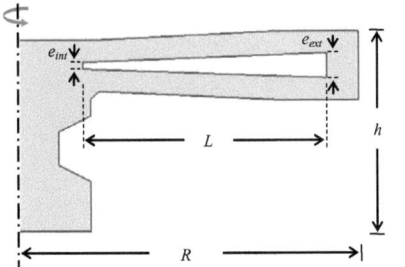 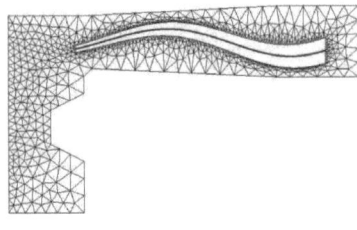

(a) dimensions de la membrane et du domaine fluide   (b) maillage fluide déformable

Figure 4.25 Modèle axisymétrique de la pompe AMS®

Les dimensions et les propriétés physiques sont résumées dans le tableau 4.8 :

R (mm)	h (mm)	L (mm)	e_{int} (mm)	e_{ext} (mm)	ρ_f (kg/m^3)
42	23	30	0.8	3	10^3

Tableau 4.8 Dimensions et propriétés pour le modèle de la pompe AMS®

La forme d'onde propagée sur la membrane a été imposée analytiquement par la relation :

$$u(r,t) = A_m(r)\cos(\omega t - kr + \varphi) \quad (4.13)$$

où ω et φ désignent respectivement la pulsation de l'onde et la phase à l'origine, avec la pulsation liée à la fréquence par $\omega = 2\pi f$. L'amplitude de l'onde $A_m(r)$ est une fonction du rayon r. Le nombre d'onde k est inversement proportionnel à la longueur d'onde ($k = 2\pi / \lambda$) et la célérité de l'onde c, dite aussi la vitesse de phase, s'exprime comme le rapport entre la pulsation et le nombre d'onde ($c = \omega / k$).

Les ondes de différentes fréquences sont imposées sur la membrane et se propagent avec la même célérité ($c = 2$ m/s) comme illustré sur la figure 4.26. Le fluide considéré est de l'eau ($\rho_f = 10^3$ kg/m^3). Les fréquences croissantes sont associées à des modes composés d'ondes de longueur plus petite, impliquant des effets de cloisonnement réduits mais plus nombreux.

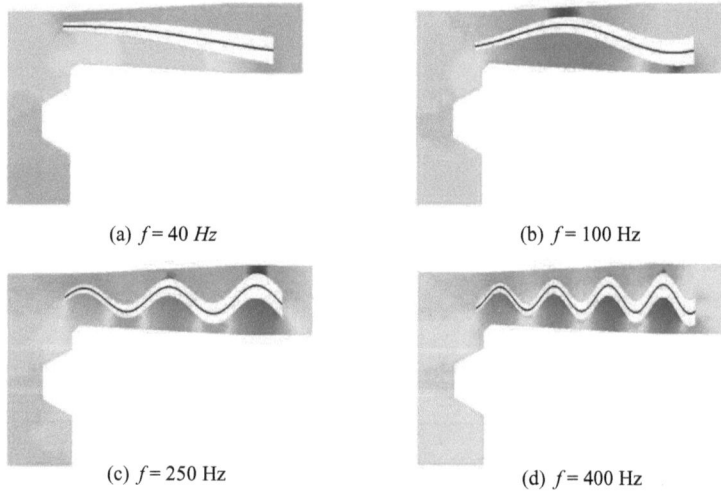

(a) $f = 40$ Hz (b) $f = 100$ Hz

(c) $f = 250$ Hz (d) $f = 400$ Hz

Figure 4.26 Champs de pression associés aux différentes ondes imposées

On calcule les variations du débit et de la charge au cours du temps pour des fréquences imposées comprises entre 10 et 400 Hz. Les résultats sont illustrés sur la figure 4.27. L'axe en temps est ici normalisé par la fréquence pour permettre une lecture directe du nombre de cycle : *nb de cycle* $= t \times f$ pour les différentes fréquences

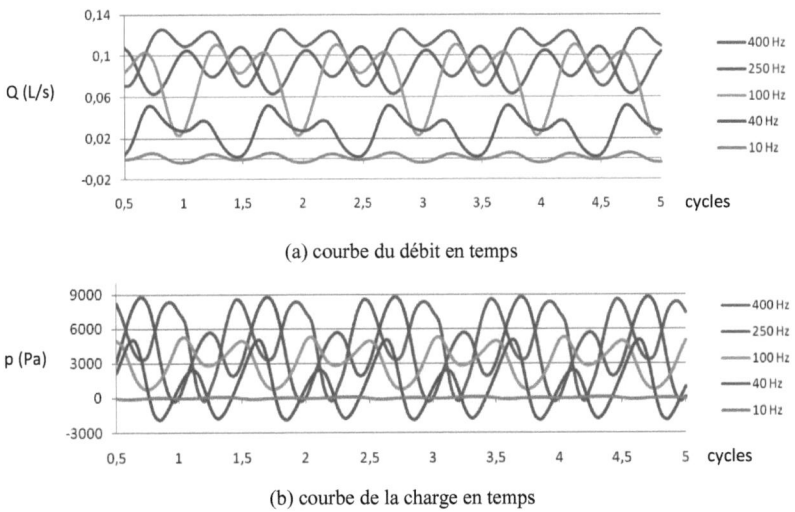

Figure 4.27 Variations du débit et de la charge en temps

Les courbes des valeurs moyennées dans le temps pour le débit et la charge en fonction de la fréquence sont illustrées sur la figure 4.28.

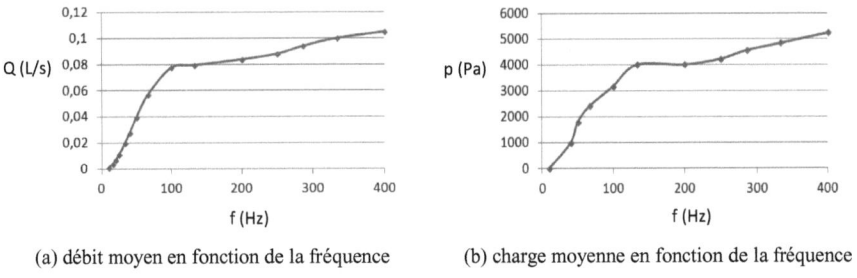

Figure 4.28 Courbes du débit et de la charge en fonction de la fréquence

Les résultats montrent clairement que les valeurs moyennes sont dépendantes de la forme de l'onde dans la zone des basses fréquences (0-100 *Hz*) et se stabilisent dans la zone des hautes fréquences (100-400 *Hz*). Ce phénomène est particulièrement évident pour le débit. Puisque le principe de la pompe AMS® est basé sur l'effet de piston concentrique, il est donc nécessaire d'assurer au moins 2 points de contact entre la membrane et les parois (un en haut et un en bas) afin que la propagation d'onde génère un effet analogue à celui du piston concentrique. Cet effet est difficile à obtenir pour la forme d'onde liée aux fréquences inférieures à 100 *Hz* où l'écoulement de retour est important ; pour une fréquence supérieure à 100 *Hz*, il n'y a plus d'effet retour (voir la figure 4.26). Ce point explique le phénomène observé sur la figure 4.28.

En outre, ayant déjà plus de 2 points de contact, le fonctionnement de la pompe ne pourra pas être amélioré significativement en augmentant encore la fréquence. Ce dernier point a été confirmé expérimentalement par la société AMS R&D.

Un autre test a été effectué en faisant varier la célérité de l'onde et en gardant une longueur d'onde adaptée (avec 2 ou 3 points de contact). Les résultats illustrés sur la figure 4.29 montrent que le débit moyen et la charge moyenne suivent respectivement une loi linéaire et une loi quadratique avec la célérité.

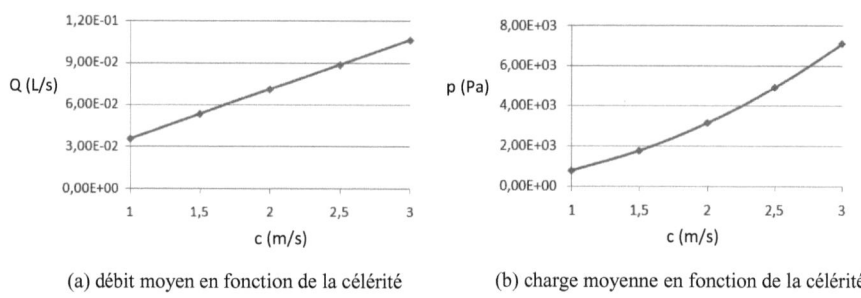

(a) débit moyen en fonction de la célérité (b) charge moyenne en fonction de la célérité

Figure 4.29 Courbes du débit et de la charge en fonction de la célérité

Puisque la célérité c a une forte influence sur le débit et la charge de la pompe et elle dépend uniquement du milieu de propagation, nous pouvons conclure que des comportements optimaux de la pompe AMS® sont contrôlés par le choix adéquat de la fréquence de sollicitation et en assurant une forme d'onde optimale (avec 2 à 3 points de contact) et une célérité de l'onde, liée aux propriétés de la membrane.

Conclusion Générale

Synthèse

Les travaux menés au cours de cette thèse ont porté sur le développement d'une chaîne de traitement numérique de couplage fluide-structure avec pour application principale, un modèle de pompe à membrane innovante inventée et développée par AMS R&D.

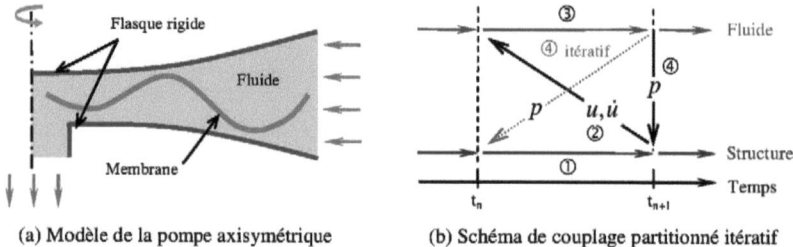

(a) Modèle de la pompe axisymétrique   (b) Schéma de couplage partitionné itératif

Figure 5.1 Modèle numérique IFS de la pompe AMS®

L'une des principales qualités de cette pompe est de pouvoir fonctionner avec tout type de fluide, comprenant aussi bien les gaz que les liquides. C'est cette caractéristique qui a permis de définir le fil d'Ariane de cette thèse : proposer un modèle de couplage fonctionnant avec tout type de fluide. La principale difficulté à donc résidé sur l'intégration des effets de masse ajoutée qui en résulte et notamment d'assurer la convergence du schéma de couplage envisagé, convergence qui ne peut plus être assurée avec une utilisation du schéma de couplage dans sa forme standard.

Contributions

La principale contribution de cette thèse a donc porté sur l'extension d'un schéma de couplage itératif classique aux effets de masse ajoutée, ces effets étant prépondérants en présence de fluides lourds, tout en offrant une approche consistante pour les cas de fluides légers (gaz). L'idée proposée est simple : réduire l'influence néfaste du terme de sollicitation en pressions exercées sur la membrane au profit du terme d'inertie, favorable quant à lui à la convergence du schéma couplé. La compensation des effets de masse ajoutée est basée quant à elle sur l'estimation de la matrice de masse ajoutée, permettant d'envisager cette approche à tout type de structure, flexible ou non.

La démarche proposée a ainsi pu être successivement et avec succès, validée tout d'abord sur des cas simples n'impliquant que des mouvements de corps rigide à 1 puis 2 degrés de libertés (resp. piston et cylindre). Elle fut ensuite appliquée avec succès au cas d'une membrane flexible évoluant soit librement, soit en régime forcé par le déplacement imposé d'une de ses extrémités.

Ces travaux ont par ailleurs fait l'objet d'une publication acceptée dans la revue « *Computer & Fluids* » (acceptée en avril 2013).

Un second point à mentionner porte sur l'originalité des modèles utilisés. Si l'approche de la dynamique de la structure est somme toute classique (éléments finis standards, schéma bien connu de Newmark-Wilson), le modèle fluide est basé quant à lui sur une approche potentielle instationnaire combinant successivement un calcul d'écoulement potentiel à la détermination du champ de pression par la relation de Bernoulli instationnaire. Le tout repose enfin sur un maillage déformable au cours du temps, remis à jour par la technique de pseudo-matériau.

Bien que "simples" d'approches sur le plan mathématique, une recherche bibliographique a montré que l'approche potentielle instationnaire n'était cependant pas si courante. Son usage doit cependant être motivé par sa compatibilité avec les phénoménologies en présence. L'intuition qui consiste à assimiler la pompe AMS à un effet de piston concentrique est la base même de ce modèle. L'ondulation de la membrane n'est responsable du débit généré que par un effet piston et non un effet d'entraînement (absent dans le cas présent), le seul mouvement autorisé pour tout point de la membrane étant un mouvement vertical et non radial.

Ce point a ainsi pu être confirmé par un modèle simplifié de piston axisymétrique. Enfin, le principal intérêt de cette approche en écoulement potentiel instationnaire est le peu de ressources en termes de temps CPU et espace mémoire qu'il requiert (quelques minutes sur une configuration standard). C'est notamment cette "rapidité" des calculs qui a permis de proposer un modèle de couplage étendu aux fluides lourds, facilitant la réalisation de très nombreux calculs pour rapidement tester les idées et en extraire les solutions envisageables (expérimentation numérique).

Cette approche n'aurait sans doute pas pu être aussi réactive avec un modèle de fluide visqueux complété d'un formalisme ALE en raison de la lourdeur des calculs. Bien que cette dernière approche ait été envisagée dès le début de la thèse, c'est l'approche potentielle qui a été finalement retenue, choix discutable bien entendu, mais motivé par son adéquation avec l'effet piston concentrique de la pompe et la nécessité de disposer d'un modèle rapide pour balayer un maximum de solutions possibles et aboutir au schéma de couplage modifié.

Une troisième contribution porte sur les connaissances potentielles mises-à-jour sur le fonctionnement de la pompe en elle-même. La prise en compte de l'effet de masse ajoutée nous permet entre autre d'estimer les fréquences hydrodynamiques de la structure qui sont bien plus faibles comparativement aux fréquences naturelles. Cette information est capitale pour le choix de la fréquence de sollicitation qui doit pouvoir se situer entre 2 modes pour éviter l'effet d'onde stationnaire propre aux modes propres. Il a été mis en évidence que l'effet de cloisonnement (contacts rapprochés haut et bas de la membrane avec les flasques), combinée à l'effet piston, était à l'origine de la génération du débit. Il a notamment été montré que 2-3 points de contact suffisaient amplement et qu'une augmentation significative du cloisonnement n'avait pas d'effets significatifs sur le débit ni la charge.

L'étude montre aussi que la prise en compte des effets de masse ajoutée, conduit à un couplage des modes même si la sollicitation forcée (ou la perturbation initiale) n'est fonction que d'un seul mode isolé. La sollicitation sur un mode, conduit donc à une réponse des modes supérieurs. D'un point de vue numérique, la principale conséquence est que la matrice de masse ajoutée ne peut être tronquée qu'à condition que les modes retenus, soient ceux qui « répondent ». L'excitation de modes supérieurs implique une accélération plus élevée et donc des pressions pariétales qui peuvent être nettement accrues. D'un point de vue pratique, les conséquences peuvent ne pas être négligeables si le fluide transporté par la pompe exige d'être véhiculé sous certaines conditions (sang notamment pour conserver ses propriétés). D'autre part, les fréquences hydrodynamiques ne sont pas favorables à la génération du débit car incompatibles avec la propagation d'ondes dans la membrane.

Il a aussi été mis en évidence que l'effet de pompe concentrique par génération d'une onde se propageant radialement à vitesse constante (accélération nulle) permettait de générer charge et débit. Pour une approche 2D plane, le même effet ne peut être obtenu qu'à condition que l'onde se propage à vitesse croissante (accélération non nulle). Deux concepts différents pour deux types d'applications différentes.

Perspectives

Le modèle développé au cours de cette thèse sous Matlab présente cependant quelques limites bien identifiables qui n'ont pu être levées faute de temps. Nous pouvons citer notamment les effets des non-linéarités géométriques et/ou matériaux du comportement dynamique de la membrane (en grand déplacement et grande déformation) ainsi que la gestion des contacts avec les flaques supérieure et inférieure qui n'ont pas été prises en compte (sauf pour les cas de mouvement imposés). Néanmoins, deux pistes sont techniquement envisageables pour améliorer ce modèle de couplage en vue de l'appliquer au modèle de pompe pour des analyses plus approfondies :

- implémenter l'approche de compensation de masse ajoutée au sein d'un outil industriel tel Abaqus qui offre depuis quelques années un module de calcul de mécanique des fluides en plus de son approche dynamique des structures ;

- implémenter la gestion du contact dans l'environnement développé sous Matlab.

Un modèle d'IFS de pompe associé à un code structure sous Abaqus et le code fluide sous Matlab a cependant été mis au point au court de cette thèse en prenant en compte la sollicitation par l'actionneur électromagnétique, la non-linéarité du comportement dynamique de la membrane ainsi que les conditions de contact (voir la figure 5.2).

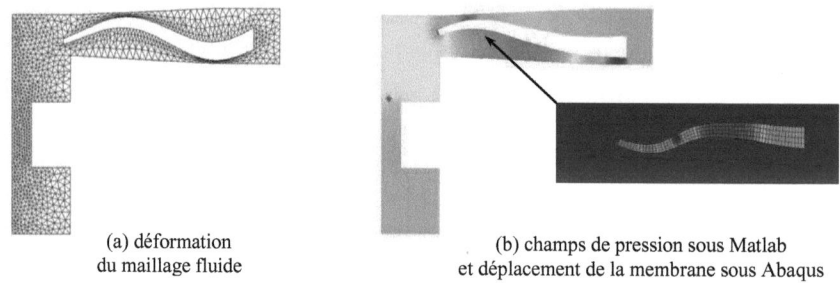

(a) déformation du maillage fluide

(b) champs de pression sous Matlab et déplacement de la membrane sous Abaqus

Figure 5.2 Modèle IFS 2D-axisymétrique au cas de la pompe AMS®

La membrane flexible est ici modélisée par 240 éléments de type Q4 en matériau hyper-élastique sous Abaqus. Actuellement, ce modèle peut simuler uniquement l'interaction avec le fluide léger (air), car le processus itératif et la technique de la compensation de masse ajoutée n'ont pas encore été mis en œuvre pour le code structure sous Abaqus. Ce modèle ne pouvant être appliqué en l'état aux fluides lourds, la description de cette partie a donc volontairement été omise du rapport. Elle représente cependant près de 6 mois de travail de thèse.

Des développements futurs incluraient également la prise en compte des effets visqueux en remplaçant l'équation de Laplace du potentiel des vitesses par les équations de Navier-Stokes avec la technique ALE pour intégrer la mobilité du maillage. Cette approche semble incontournable si les objectifs escomptés par exemple, requièrent de déterminer la courbe caractéristique de la pompe, obtenue en générant un effet de vanne responsable d'une perte de charge supplémentaire. A termes, ce modèle permettrait de pouvoir déterminer les effets bénéfiques de telle ou telle modification sur la courbe caractéristique de la pompe et d'envisager bien entendu des phases d'optimisation, que ce soit pour la forme des flasques de la pompe, que du choix et de la carte d'épaisseur de la membrane.

Références

[1] J. B. Drevet, "Improved crinkle diaphragm pump", International Patent PCT, WO 2010/012889 A1 (2010)

[2] J. B. Drevet, "Electromagnetic machine with a deformable membrane", International Patent PCT, WO 2005/043717 A1 (2005)

[3] S. Piperno, C. Farhat, B. Larrouturou, "Partitioned procedures for the transient solution of coupled aeroelastic problems - Part I: Model problem, theory and two-dimensional applications", Comput. Methods Appl. Mech. Engrg, 124 (1995) 79-112

[4] Christine M. Scotti, "Ender A. Finol, Compliant biomechanics of abdominal aortic aneurysms: A fluid–structure interaction study", Computers and Structures, 85 (2007) 1097–1113

[5] A.G.T.J. Heinsbroek, "Fluid-structure interaction in non-rigid pipeline systems", Nuclear Engineering and Design, 172 (1997) 123-135

[6] E. Longatte, M. Souli, "Couplage de codes de calcul scientifique pour l'étude des interactions fluide structure en présence d'écoulements", CFM 2009 (2009)

[7] J. Hron, S. Turek, "A Monolithic FEM/Multigrid Solver for an ALE Formulation of Fluid-Structure Interaction with Applications in Biomechanics", Fluid-Structure Interaction, 53 (2006) 146-170

[8] D. Ishihara, S. Yoshimura, "A monolithic approach for interaction of incompressible viscous fluid and an elastic body based on fluid pressure Poisson equation", Int. J. Numer. Meth. Engng, 64 (2005) 167-203

[9] FJ. Blom, "A monolithical fluid-structure interaction algorithm applied to the piston problem", Comput. Methods Appl. Mech. Engrg, 167 (1998) 369-391

[10] C.A. Felippa, K. C. Park, C. Farhat, "Partitioned analysis of coupled mechanical systems", Comput. Methods Appl. Mech. Engrg, 190 (2001) 3247-3270

[11] R. Wüchner, A. Kupzok, Kai-Uwe Bletzinger, "A framework for stabilized partitioned analysis of thin membrane–wind interaction", Int. J. Numer. Meth. Fluids, 54 (2007) 945-963

[12] P. Causin, J. F. Gerbeau, F. Nobile, "Added-mass effect in the design of partitioned algorithms for fluid–structure problems", Comput. Methods Appl. Mech. Engrg, 194 (2005) 4506-4527

[13] W. A. Wall, S. Genkinger, E. Ramm, "A strong coupling partitioned approach for fluid-structure interaction with free surfaces", Computers & Fluids, 36 (2007) 169-183

[14] S. Piperno, "Explicit/implicit fluid/structure staggered procedures with a structural predictor and fluid subcycling for 2d inviscid aeroelastic simulations", Int. J. Numer. Meth. Fluids, 25 (1997) 1207-1226

[15] E. H. van Brummelen, "Added mass effects of compressible and incompressible flows in fluid-structure interaction", Journal of Applied Mechanics, 76 (2009) 021206 1-7

[16] E. H. van Brummelen, "Partitioned iterative solution methods for fluid-structure interaction", Int. J. Numer. Meth. Fluids, 65 (2011) 3-27

[17] M. A. Fernandez, J.-F. Gerbeau, C. Grandmont, "A projection semi-implicit scheme for the coupling of an elastic structure with an incompressible fluid", Int. J. Numer. Meth. Engng, 69 (2007) 794-821

[18] U. Küttler, W. A. Wall, "fixed-point fluid-structure interaction solvers with dynamic relaxation", Computational Mechanics, 43 (2008) 61-72

[19] J. Degroote, K.-J. Bathe, J. Vierendeels, "Performance of a new partitioned procedure versus a monolithic procedure in fluid–structure interaction", Computers and Structures, 87 (2009) 793-801

[20] S. Badia, F. Nobile, C. Vergara, " Fluid-structure partitioned procedures based on Robin transmission conditions ", Journal of Computational Physics, 227 (2008) 7027-7051

[21] C. Michler, E. H. van Brummelen, R. de Borst, "An interface Newton–Krylov solver for fluid–structure interaction", Int. J. Numer. Meth. Fluids, 47 (2005) 1189-1195

[22] C. Förster, W. A. Wall, E. Ramm, "Artificial added mass instabilities in sequential staggered coupling of nonlinear structures and incompressible viscous flows", Comput. Methods Appl. Mech. Engrg, 196 (2007) 1278-1293

[23] G. G. Stokes, "On the effect of the internal friction of fluids on the motion of pendulums", Vol. 9, Pitt Press (1851).

[24] T. E. Tezduyar, "Finite element methods for fluid dynamics with moving boundaries and interfaces", Encyclopedia of computational mechanics (2004)

[25] T. E. Tezduyar, S. Sathe, R. Keedy, K. Stein, "Space–time finite element techniques for computation of fluid–structure interactions", Comput. Methods Appl. Mech. Engrg, 195 (2006) 2002-2027

[26] B. S. Connell, D. K. Yue, "Flapping dynamics of a flag in a uniform stream", Journal of Fluid Mechanics, 581.1 (2007) 33-67

[27] N. Greffet, "Calcul de matrice de masse ajoutée sur base modale", Manuel de référence Code Aster (2009)

[28] R. Temam, "Une méthode d'approximation de la solution des équations de Navier-Stokes ", Bull. Soc. Math. France, 98.4 (1968) 115-152

[29] V. Girault, P. A. Raviart, "Finite element methods for Navier-Stokes equations: theory and algorithms", NASA STI/Recon Technical Report, A 87 (1986) 52227

[30] A. Miranville, R. Temam, "Modélisation mathématique et mécanique des milieux continus", Vol. 18, Springer Verlag (2002)

[31] G. Duvaut, "Mécanique des milieux continus", Dunod (1998)

[32] C. A. Cheng, D. Coutand, S. Shkoller. "Navier-Stokes equations interacting with a nonlinear elastic biofluid shell", SIAM Journal on Mathematical Analysis 39.3 (2007) 742-800

[33] D. Coutand, S. Shkoller, "Motion of an elastic solid inside an incompressible viscous fluid", Archive for rational mechanics and analysis 176.1 (2005) 25-102

[34] G. H. Cottet, E. Maitre, "A level-set formulation of immersed boundary methods for fluid–structure interaction problems", Comptes Rendus Mathematique 338.7 (2004) 581-586

[35] G. H. Cottet, E. Maitre, "A level set method for fluid-structure interactions with immersed surfaces", Mathematical models and methods in applied sciences 16.03 (2006) 415-438

[36] J. Donea, S. Guiliani, J. P. Halleux. "An arbitrary lagrangian eulerian finite element method for transcient dynamics fluid structure interaction", Comput. Methods Appl. Mech. Engrg, 33 (1982) 689-723

[37] B. Maury, "Characteristics ALE method for the unsteady 3D Navier-Stokes equations with a free surface", Int. J. Comput. Fluid Dynamics, 6.3 (1996) 175-188

[38] J. L. Lagrange, "Mémoire sur la théorie du mouvement des fluides", Oeuvres de Lagrange, Gauthier-Villars (1867)

[39] G. K. Batchelor, "An introduction to fluid mechanics", Cambridge University Press (2000)

[40] O. C. Zienkiewicz, R. L. Taylor, "The finite element method" Vol. 1, 2 & 3, Butterworth-Heinemann (2000)

[41] E. Lefrançois, "A simple mesh deformation technique for fluid-structure interaction based on a submesh approach", Int. J. Numer. Meth. Engng, 75 (2008) 1085-1101

[42] G. Dhatt, G. Touzot, E. Lefrançois, "Méthode des éléments finis", Hermès (2005)

[43] J. L. Batoz, G. Dhatt, "Modélisation des structures par éléments finis: Solides élastiques - Poutres et plaques - Coques" Vol. 1, 2 & 3, Presses de l'Université Laval (1990)

[44] P. J. Davis, P. Rabinowitz, "Methods of numerical integration", Dover Publications (2007)

[45] A. Leroyer, "Etude du couplage écoulement/mouvement pour des corps solides ou à déformation imposée par résolution des équations de Navier-Stokes : contribution à la modélisation numérique de la cavitation", Thèse pour le doctorat (2004)

[46] I. Robertson, S. Sherwin, "Free-surface flow simulation using hp/spectral elements", Journal of Computational Physics, 155 (1999) 26-53

[47] E. Lefrançois, "Numerical validation of a stability model for a flexible over-expanded rocket nozzle", Int. J. Numer. Meth. Fluids 49 (2005) 349-369

[48] J. T. Batina, "Unsteady Euler airfoil solutions using unstructured dynamic meshes", AIAA journal, 28.8 (2012)

[49] J. T. Batina, "Unsteady Euler algorithm with unstructured dynamic mesh for complex-aircraft aerodynamic analysis", AIAA journal, 29.3 (2012)

[50] C. Farhat, C. Degand, B. Koobus, M. Lesoinne, "Torsional springs for two-dimensional dynamic unstructured fluid meshes", Comput. Methods Appl. Mech. Engrg, 163 (1998) 231-245

[51] C. Degand, C. Farhat, "A three-dimensional torsion spring analogy method for unstructured dynamic meshes", Computers and Structures 80 (2002) 305-316

[52] Y. Zhao, Z. Liu, S. Chen, G. Zhang, "An accurate modal truncation method for eigenvector derivatives", Computers and Structures, 73 (1999) 609-614

i want morebooks!

Buy your books fast and straightforward online - at one of the world's fastest growing online book stores! Environmentally sound due to Print-on-Demand technologies.

Buy your books online at
www.get-morebooks.com

Achetez vos livres en ligne, vite et bien, sur l'une des librairies en ligne les plus performantes au monde!
En protégeant nos ressources et notre environnement grâce à l'impression à la demande.

La librairie en ligne pour acheter plus vite
www.morebooks.fr

OmniScriptum Marketing DEU GmbH
Heinrich-Böcking-Str. 6-8
D - 66121 Saarbrücken
Telefax: +49 681 93 81 567-9

info@omniscriptum.de
www.omniscriptum.de

Printed by Books on Demand GmbH, Norderstedt / Germany